KB040151

소행성

적인가 친구인가

ASTEROID NOW:
Warum die Zukunft der Menschheit in den Sternen liegt
by Florian Freistetter

왜 인류의 미래는
저 우주에 있는가

플로리안 프라이슈테터 지음
유영미 옮김

소행성

Asetroid Now

적인가 친구인가

| 우주로부터 오는 위험과 기회를 바라보는 방식 |

Contents

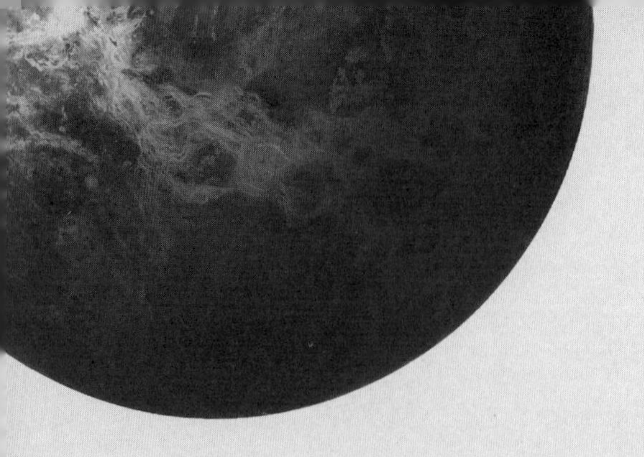

6장 우주로 가는 엘리베이터

Part 3
인간과 미래

7장 우주 방사선이 내리쬐는 미래

8장 인류의 미래는 별에 있다

9장 새로운 세계의 시작

우주로부터 오는 위험과 기회를 바라보는 방식

인터넷이 생긴 이래 세계 멸망 시나리오는 급격하게 증가해왔다. 때로는 말도 안 되는 내용이 주목을 끌기도 했다. 우주에서 산성 구름이 몰려와 지구를 녹일 것이라는 둥, 외계 생명체가 지구를 침공해 인간을 노예로 삼을 것이라는 둥, 인간이 만든 블랙홀이 우리 모두를 삼켜버릴 수 있다는 둥, 고대 부족의 달력이 특정 날짜에서 끝나기 때문에 그때 세계가 멸망할 것이라는 둥……. 그러나 이 모든 으스스한 이야기들에도 불구하고 지구는 여전히 멸망하지 않았으며, 앞으로도 종교적 예언이나 미신적 믿음 같은 것에는 별로 겁을 먹지 않아도 될 것 같다.

그런데 그렇다고 해서 지구가 멸망하지 않는다는 뜻은 아니다. 인간의 시간 척도를 벗어나기만 하면 지구는 결코 안전한 장소가 아니라는 것을 알 수 있다. 우주적인 시각에서 보면 끊임없이 어떤 일이 일어나고 있다. 지구의 궤도는 이리저리 왔다 갔다 하며 빙하기와 온난기를 초래한다. 주변의 별들은 폭발해 지구 쪽으로 방사선을 분출하며, 지구에는 계속해서 소행성이 떨어진다. 간혹 꽤 큼직한 소행성이 떨어질 수도 있다. (인간끼리 벌이는 전쟁이나 폭력이 일어나는 것을 제외하고) 우리의 행성이 평화롭게 보이는 것은 인간이 지구에 살기 시작한 지 얼마 되지 않았기 때문이다.

인류가 지구상에 살기 시작한 지는 몇만 년밖에 되지 않았다. 우주적인 시각에서 보면 '눈 깜짝할 새'다. 장기적으로 인류의 생존을 고려한다면 우주로부터 오는 위험에 관심을 가져야 한다. 지구를 지킬 수 있는 방법은 분명히 있기 때문이다.

이 책의 Part 1에서 우리는 세계 멸망의 위협이 있을 때 어떤 대처법들을 취할 수 있는지 살펴볼 것이다. 현재 우리는 소행성 충돌과 같은 재앙에 충분히 대처할 수 있다. 공룡과 같은 운명에 처하지 않아도 된다는 말이다. 그러나 우리는 우주로부터 오는 모든 위험을 지구상에서 가만히 앉은 채로 무력화시킬 수는 없다. 우리는 우주로, 별들에게로 가야 하고, 결국에는 우주를 우리 삶의 무대로 삼아야 한다. 그것을 가능하게 할 전략들을 이 책의 Part 2, Part 3에서 살펴볼 것이다.

어떻게 하면 지구를 가장 잘 떠날 수 있을까? 달로 가는 우주 여객선은 어떻게 만들 수 있을까? 어떻게 별들에게로 날아갈 수 있을까? 별로 갈 수 있는 우주선은 또 어떻게 만들 수 있을까? 지구 자체를 우주선으로 활용할 수도 있을까? 어떤 행성들이 인간의 새로운 주거지가 되어줄 수 있을까? 이런 질문들은 마치 사이언스 픽션에나 나올 법한 것으로 보인다. 그러나 할리우드 시나리오 작가들만 이런 것들에 관심을 보이는 것은 아니다. 천문학자와 물리학자들 역시 이런 문제들을 연구하고 있다. 그들은 질문과 연구를 통해 지구를 구할 방법들을 우리에게 제시하고 있다. 앞으로 우리는 그들의 말을 경청해야 할 것이다.

Part I 태양계와 우주

1장

하늘에서 떨어지는 별들

인류는 하늘에서 떨어지는 돌에 대해 오래전부터 관심을 가지고 있었다. 하지만 그 돌들이 우주로부터 온다는 사실을 알게 된 지는 불과 얼마 되지 않았다. 망원경의 발명이 천문학 혁명을 일으키고, 위대한 천문학자들이 나타나고서야 비로소 우리는 우주의 비밀을 조금씩 알게 되었다. 인류는 최초의 소행성을 발견한 이후로 수많은 소행성을 발견했는데, 그중에는 지구를 위협하는 근지구 소행성도 포함되어 있었다. 그러나 이런 소행성이 지구와 충돌할 수 있다는 인식은 20세기 중반이 지나서야 받아들여졌다.

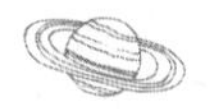

아마겟돈의 한 장면

2013년 2월 15일은 할리우드 재난 영화와 같은 하루였다. 나는 그날 빈Wien에 볼 일이 있어 그곳으로 가는 기차 안에 있었다. 전날 나는 몇몇 신문과 라디오 방송에서 인터뷰를 진행하면서, 곧 지구를 스쳐 지나갈 '2012DA14 소행성'에 대해 이야기했다. 직경 약 40미터 정도인 이 소행성은 2월 15일 저녁 지표면으로부터 약 2만 7700킬로미터의 거리를 두고 지구를 스쳐 지나갈 예정이었다. 우리 인간들이 생각하기에는 상당히 먼 거리 같지만, 우주적인 잣대로 보면 지구를 매우 가까운 거리에 두고 스쳐 지나가는 것이었다. 잠깐 동안은 지구를 도는 몇몇 위성보다도 더 지구에 가까이 다가올 예정이었지만 전혀 위험하지는 않았다. 소행성의 궤도가 정확히 알려져 있어서, 이 소행성이 지구와 충돌하지 않을 것이 확실했기 때문이다. 작은 천체들이 지구에 근접하는 일은 계속 일어난다. 앞으로 100년간만 해도 최소 11개의 소행성이 달보다 더 지구에 가까이 접근할 예정이다(우리가 모르고 지나가버리는 수는 훨씬 더 많을 것이다).

나는 인터뷰에서 대략 이런 이야기들을 전해주면서 이번 소행성이 지구 가까이 스쳐 지나가는 것은 전혀 무서운 일이 아니며, 학문적으로는 오히려 좋은 기회라고 말했다. 또한 대부분의 소행성은 망원경으로 자세히 관측하기에는 너무나 먼 곳에 있는데, 2012DA14처럼 우리에게 가까이 오는 소행성은 천문학자들에겐 놓칠 수 없는 기회를 준다고, 그래서 모두가 긴장하면서 이 소행성을 기다리고 있다고도 했다.

인터넷과 대중매체에는 음모론과 재난 시나리오, 세계 멸망에 대한 예언들이 확산되어 있었다. 그리고 나는 언론 인터뷰를 할 때 이런 말도 안 되는 '호러'들을 무력화시키기 위해 애를 썼다. 그랬던 터라 빈으로 가는 기차 안에서 한 라디오 방송국의 전화를 받고, 방금 러시아에 소행성이 떨어졌다는 소식을 들었을 때 놀라지 않을 수 없었다. '소행성이 떨어졌다고?'

지구와 충돌한 소행성

라디오 아나운서는 내게 우랄 산맥 남쪽 지역에 위치한 도시인 첼랴빈스크Chelyabinsk에 운석이 떨어져 수백 명의 사상자가 발생했다고 전해주었다. 그러고는 그것이 소행성 2012DA14와 무슨 관련이 있는 것인지 궁금해했다. 나는 그 전화를 받았을 때 처음엔 장난 전화인가 싶었다.

2012DA14는 이와 관련이 있을 수가 없었기 때문이다. 소행성들은 궤도를 쉽게 바꾸지 않는다. 그리고 2012DA14의 궤도는 일찌감치 아주 정확히 계산된 상태였고, 전화가 걸려온 시점에도 이 소행성은 지구와 멀리 떨어져 있었다. 러시아에 그런 불행이 있었다는 소식이 진짜라면, 그것은 그냥 지구상에서 벌어진 재난일 확률이 높다는 생각이 들었다. 공장이나 발전소에서 폭발이 있었고, 그것이 소행성 충돌로 오인되지 않았을까 생각했다.

이른 아침에 인터넷 연결도 되지 않는 기차 안에 있던 나는 정확한 정보를 얻을 방법도 없었다. 그러나 이후에도 계속해서 러시아에 운석이 떨어진 것에 대해 자문을 구하는 전화가 걸려왔고, 나는 정말로 러시아에서 뭔가 엄청난 일이 일어났음을 직감했다. 바로 저녁에 지나갈 2012DA14와 무관하게, 제3의 소행성이 지구와 충돌한 것이다!

어느새 러시아 내의 승용차들에 장착되어 있던 블랙박스[1]에 찍힌 영상들이 빠르게 확산되었고, 밝은 천체가 하늘에서 질주해오더니 강렬한 빛을 발하면서 폭발하는 모습이 그 영상들을 통해 드러났다. 강한 압력파로 인해 첼랴빈스크의 곳곳에서 창문이 깨지고, 건물이 흔들리는 모습을 보여주는 영상도 있었다. 이 사건은 나중에 재구성해본 결과 다음과 같이 일어났음을 알 수 있었다.

1 러시아에서는 많은 자동차에 작은 카메라(블랙박스)가 장착되어 있어서, 자동차 앞의 거리에서 일어나는 모든 일을 촬영한다. 그런 카메라에 녹화된 영상도 법적 효력을 가지기에, 자동차 운전자들은 사고가 났을 때 이를 통해 억울한 누명을 쓰지 않을 수 있다.

아침 아홉 시 반 약 20미터 크기의 바윗덩어리가 지구의 대기권에 진입했다. 이 천체는 초속 18킬로미터(시속으로는 약 6만 5000킬로미터이며, 음속의 50배가 넘는 속도)로, 20도의 예각으로 지구와 만났다. 약 1만 톤 무게의 이 천체는 대기권에 진입하자 강한 마찰력으로 인해 지상 50킬로미터 상공에서 부서지기 시작했다. 지표면으로부터 하늘의 밝은 천체가 관측된 것이 바로 이 시점이었다. 이 천체는 폭발하기 전에 약 30초간 빛을 발했다. 커다란 암석 덩어리가 많은 부분으로 부서지면, 부서지기 전보다 표면적(겉넓이)이 더 커지게 된다. 그리고 표면적이 클수록 공기와의 마찰력도 커지게 된다. 그러면 부서진 천체에 작용하는 에너지가 갑자기 치솟게 되고, 이제 천체는 폭발하면서 사방으로 압력파를 방출하게 된다.

이를 공중 폭발(에어버스트air burst)이라고 일컫는다. 첼랴빈스크에서 대부분의 에너지는 지상 15~20킬로미터 상공에서 방출되었다. 이로 인한 폭발력은 히로시마 원자폭탄의 20~30배에 달했다. 건물이 흔들리고 유리창이 깨지기에는 충분한 힘이다.

물론 소행성이 지구에 직접 떨어진 것은 아니었다. 인적 · 물적 피해는 소행성 파편을 직접 맞아서 생긴 것이 아니라, 압력파와 날아다니는 유리 파편으로 인해 발생한 것이었다. 크레이터crater도 없었다. 몇몇 작은 파편들, 이른바 운석들이 나중에 지면에서 발견되었을 뿐이다(그중 가장 커다란 것은 무게가 570킬로그램이었다). 러시아 상공에서 이 공중 폭발이 소행성 2012DA14가 지구를 스쳐간 바로 그날 일어난 것은 순전히 우연이었다. 러시아 상공에서 폭발한 소행성보다 약 네 배 더 큰 소행성

2012DA14는 예측했던 대로 2013년 2월 15일 저녁 이렇다 할 피해를 야기하지 않고 지구를 스쳐 지나갔다.

이 날의 사건은 사람들에게 깊은 인상을 남겼다. 천문학적인 시각에서 보면 지구가 결코 안전한 장소가 아니라는 것을, 그리고 지구는 태양 주위를 도는 수많은 천체 중 하나이며 간혹 다른 천체들과 충돌하기도 한다는 것을 알려줬다.

2013년 2월 15일에는 다행히 많은 일이 일어나지는 않았다. 첼랴빈스크에서 공장 한 군데가 무너졌고, 약 3700채의 건물이 파손되긴 했다(주로 유리창이 깨졌다). 관청에 따르면 1491명이 의료적 처치를 받았지만 사망자는 한 사람도 없었고, 그 지역 밖에서는 누구도 피해를 입지 않았다. 그런데 소행성 충돌을 주제로 한 많은 사이언스 픽션 책이나 영화에서는 이와 사뭇 다르게 표현된다. 작품에서는 흔히 지구 전역에서 피해가 발행하고 인류는 멸망의 위기로 치닫는다. 물론 영화감독이나 작가는 극적인 것을 원하기 때문에 과장하는 면이 있긴 하다. 그러나 학자들 역시 우주에서 날아온 바윗덩어리가 사실 첼랴빈스크에서보다 더 많은 피해를 야기할 수 있음을 알고 있다. 거대한 충돌은 지구의 역사에서 중요한 역할을 해왔으며, 앞으로 지구를 멸망시킬 위험도 있다. 그럼에도 불구하고 이런 충돌을 진지하게 생각하기까지는 아주 오랜 세월이 걸렸다.

우주에서 날아온 이상한 돌

오랜 세월 동안 그 누구도 하늘에서 '돌'이 떨어질 수 있다는 생각을 하지 않았다. 그런 돌들이 대체 어디서 올 수 있단 말인가. 우주에 돌들이 있다는 것을 알게 된 지는 그리 오래되지 않았다. 물론 그전에도 늘 아무것도 없는 데서 돌연 땅으로 떨어진 것처럼 보이는 돌덩이들을 발견하는 일은 있었다. 그러나 고대 그리스의 아리스토텔레스부터 자연을 연구한 19세기의 학자들에 이르기까지 모두 돌덩이들이 우주에서 날아온다는 것은 가당치 않은 일로 여겼다. 행성들 사이의 공간에는 아무것도 없으며, 기껏해야 신적神的 '에테르'만 있을 뿐 이상한 돌 같은 것은 없다고 생각했던 것이다. 그러므로 옛날 사람들은 간혹 땅으로 떨어지는 돌들은 지구 자체에서 나오는 것이며 바람이나 벼락 등에 의해 운반된다고 여겼다. 먼지가 공중에서 뭉쳐서 급기야 무거운 덩어리가 되어 떨어지는 것인지도 몰랐다.

몇몇 아웃사이더들만이 이런 돌들이 지구 밖에서 오는 것이라고 생각했다. 가령 기원전 5세기 그리스의 아낙사고라스는 당시 사람들과는 다르게 생각했다. 즉 태양이 숭배해야 할 신적 대상이 아니라, 하늘에서 이글거리며 타오르고 있는 돌덩이일 뿐이라는 신성모독적인 생각을 했던 것이다. 저 위에 커다란 돌이 있으니, 그곳으로부터 작은 돌들이 지구로 떨어질 수도 있다는 것이었다. 훗날 아낙사고라스의 많은 명제들(태양의 흑점에 대한 설명, 또는 달빛이 달 자체에서 직접 나오는 빛이 아니라 태양 빛을 반사한 간접적인 빛이라고 본 것 등)은 옳은 것으로 드러났지만, 당시로는 파격적이었던 생각을 했다는 이유로 아낙사고라스는 어려움을 겪어야 했다. 결국 그는 신성모독죄로 인해 사형선고까지 받았다(나중에 판결이 바뀌어 아낙사고라스는 유배 생활을 했다).

이후에도 대부분의 연구자들은 우주에서 돌이 떨어질 리가 없다고 생각했다. 우주에 대해 아는 것이 별로 없었기 때문이다. 별과 행성은 알았지만, 이들 사이에 작은 돌덩어리들이 많이 날아다니고 있으리라고는 아무도 생각하지 못했다. 태양계에 대한 시각은 16세기에 들어서야 비로소 변하기 시작했다.

태양계의 구조를 이해하는 법

망원경의 발명이 천문학에 혁명을 일으키고, 갈릴레오 갈릴레이Galileo Galilei, 요하네스 케플러Johannes Kepler, 아이작 뉴턴Isaac Newton이 기존의 지배적인 세계상을 무너뜨리기 몇십 년 전에 이미 덴마크의 천문학자 티코 브라헤Tycho Brahe는 육안으로 열심히 천체를 관측했다. 광학 도구가 없었던 시절이었지만 그는 당대의 가장 정확하고 탁월한 천체 관측자였다. 1577년, 그는 모두가 분별할 수 있을 만큼 하늘에서 밝게 빛나는 혜성 하나를 연구했다. 혜성들은 이미 몇천 년 전부터 알려져 있었다. 그러나 당시까지는 혜성을 신적인 표지라고 생각하거나 지구의 대기 속에서 일어나는 빛의 현상이라고 여겼다.

브라헤는 정확한 관측을 통해 이 혜성이 지구 대기 훨씬 바깥쪽에서 움직이고 있음을 의심 없이 밝혀냈다. 그러나 당시는 혜성의 정확한 특성에 대해서는 전혀 알지 못했다. 혜성뿐만이 아니었다. 행성 및 별의 기원과 특성, 전체 태양계 구조에 대해서도 여전히 아무것도 모르고 있었다.

1601년 브라헤가 죽은 뒤 천문학자이자 수학자인 요하네스 케플러는 브라헤가 수집한 관찰 데이터를 넘겨받을 수 있었다. 케플러는 태양계의 구조를 이해하기 위해 브라헤의 기록들을 활용했다. 당시는 지구를 중심으로 보는 고대의 우주관과 태양을 중심으로 하는 코페르니쿠스Nicolaus Copernicus의 우주관이 이미 경쟁을 벌이고 있었다. 그러나 두 이론 모두 행성의 실제 위치에 대해 부정확한 예측만을 제공할 따름이었다.

이런 상황에서 지구가 중심인지 태양이 중심인지에 대해서뿐만 아니라, 행성의 궤도가 어떤 모양인지에 대해서도 생각해야 한다는 것을 깨달은 사람이 바로 케플러였다. 그때까지 학자들은 천체는 모두 원 궤도로 움직인다고 보았다. 그리고 이때 원은 완벽한 원이라고 생각했다. 하늘은 신들의 나라이므로, 그곳에서는 원형의 천체들이 서로 원형으로 주위를 돌고 있을 거라고 가정했다. 그러나 케플러는 행성의 궤도가 타원형이라는 것을 확인했다. 천체들의 타원형 궤도는 원형에서 조금 벗어날 뿐이지만, 이 작은 차이를 발견함으로써 훨씬 더 나은 예측을 할 수 있게 되었다.

하지만 케플러는 태양계 구조가 완전한 '신적' 설계도에 따른 것이라는 생각으로부터 완벽하게 결별하지는 못했다. 당시에는 수성, 금성, 지구, 화성, 목성, 토성 등 여섯 개의 행성만이 알려져 있었고, 케플러는 이런 행성들이 우연히 태양계에 배치된 것이 아니며 태양으로부터의 거리는 법칙에 따라 정해진 것이라고 확신했다. 그러고는 연구를 통해 이런 거리의 수학적 연관을 찾아냈다.

그런데 이런 연관에는 미학적 결함이 하나 있었다. 화성의 궤도와 목성의 궤도 사이에 시스템을 망가뜨리는 틈(빈자리)이 있었던 것이다. 케플러는 틀림없이 그곳에 작은 행성 하나가 위치한다고 보았다. 그렇지만 이런 해법은 만족스럽지 않았다. 화성과 목성 사이에 추가적인 행성을 하나 위치시킨다 해도 문제가 발생했기 때문이다. 그러면 수성과 금성 사이에도 틈이 벌어져 또 하나의 행성을 위치시켜야 했다.

케플러는 나중에 이런 가정을 완전히 버리게 된다. 그리고 기하학적 형태들(원, 정육면체, 정다면체)이 러시아의 마트료시카Matryoshka[2] 인형들

●●●

2 러시아의 목제 인형. 상하로 분리되는 인형 속에 모양은 똑같고 크기가 다른 인형이 3~5개 들어 있다. －옮긴이

처럼 서로 포개어져 있으며, 포개진 겹이 바로 여섯 행성의 궤도라고 상상했다. 이렇게 상상함으로써 그는 문제를 해결할 수 있었지만, 이런 해법은 케플러 자신에게만 만족스런 것이었다. 후배 천문학자들은 이런 모델이 너무 억지스럽고 신비주의적이라고 보았다.

위대한 아이작 뉴턴은 화성과 목성 사이의 틈은 우리가 생명을 유지하는 데 아주 중요하다고 생각했다. 그런 틈이 있어야 목성이나 토성 같은 커다란 행성들이 지구와 충분한 안전 거리를 확보할 수 있고, 그들의 어마어마한 중력으로 지구의 궤도를 방해하지 않을 수 있다고 보았다. 커다란 행성들은 더 많은 자리를 필요로 할 것이라는 의견을 뉴턴만 가졌던 것은 아니다. 이마누엘 칸트Immanuel Kant를 포함한 다수의 위대한 사상가들 역시 커다란 행성들은 더 많은 자리를 필요로 할 것이라 생각했다.

1766년, 당시 무명의 천문학자였던 비텐베르크대학교의 요한 다니엘 티티우스Johann Daniel Titius가 태양과 행성들 간의 거리를 나타내는 새로운 수학 법칙을 발견했다. 수성, 금성, 지구, 화성, 목성, 토성은 티티우스가 발견한 패턴에 거의 완벽히 들어맞았다.[3] 이 패턴으로 화성과 목성의 궤도 사이에만 문제가 남았다. 케플러도 이미 좌절했던 지점이었다.

●●●

3 티티우스는 당시 알려져 있는 행성 중 태양에서 가장 거리가 먼 토성과 태양 사이의 거리를 100단위로 분할했다. 수성은 이런 단위로 태양에서 4만큼 떨어져 있고, 금성은 4+3만큼, 지구는 4+6만큼, 화성은 4+12만큼 떨어져 있다는 식이다. 따라서 패턴은 4+0, 4+3, 4+6, 4+12……와 같은 식으로 진행된다. 0~3으로부터 시작하여, 이런 수를 계속해서 두 배로 해나가고(6, 12……) 여기다가 4를 더하면 행성과 태양 사이의 거리가 나오는 것이다.

티티우스의 규칙으로 볼 때도 화성과 목성 사이에 또 하나의 행성이 있을 것이라고 예측되었다. 분명히 없어 보이는데, 그런 행성이 대체 어디에 있단 말인가!

세레스와 근지구 소행성

1781년에 천문학적으로 가장 인상적인 발견 중 하나가 이루어졌다. 영국의 천문학자 윌리엄 허셜William Herschel이 새로운 행성을 발견했던 것이다. 천왕성이라는 이름이 주어진 이 천체는 토성궤도 바깥에서 태양을 공전하고 있었는데 그 궤도가 티티우스의 규칙에 완벽하게 들어맞았다. 티티우스의 규칙은 이것을 발견한 비텐베르크의 젊은 천문학자 티티우스, 그리고 발견한 내용을 세간에 소개한 베를린 천문대장 요한 엘레르트 보데Johann Elert Bode의 이름을 함께 넣어 '티티우스-보데의 법칙Titius-Bode law'이라 불리고 있었다. 천왕성이 발견되면서 이제 아무도 이 법칙의 유효성을 의심할 수 없게 되었다. 그러므로 티티우스-보데의 법칙이 화성과 목성 사이에 또 하나의 천체가 있을 것으로 예측한다면, 그런 천체는 반드시 있을 것이라고 생각되었다.

학자들은 이 천체를 찾아서 계속 걸리적거리는 틈을 메우기 위해 함께 힘을 모아 체계적으로 접근하기로 했다. 프랑스의 천문학자 제롬 랄랑드Joseph Jérôme Lefrançois de Lalande는 1798년 고타에서 열린 제1회 유럽 천문학회에서 국제적인 협력을 강하게 요청했고, 마침내 2년 뒤 두 번째 학회에서는 본격적으로 공동 연구가 시작되었다. 그리하여 천문학자 프란츠 크사버 폰 차흐Franz Xaver von Zach의 주도하에 '하늘 경찰'이라는 단체도 발족되었다.[4] 하늘 경찰은 하늘을 24개로 구획지어 그것을 담당하는 각 천문대에 한 구역씩 할당해줬다. 얼마 후인 1801년 1월 1일, 하늘 경찰의 협력 파트너인 시칠리아의 천문학자 주세페 피아치Giuseppe Piazzi는 원래 별자리표 상으로는 '별'이 존재할 수 없는 위치에서 희미하게 빛나는 별을 관측했다. 다음 날 밤 이 새로운 '별'을 다시금 관찰하려 했을 때 피아치는 이것이 확연히 움직였음을 확인했다. 임시적인 계산 결과는 이 천체가 정확히 화성궤도와 목성궤도 사이의 틈에 위치한다는 것을 보여주었다.

피아치는 이 천체에 '세레스'[5]라는 이름을 붙여주었다. 하지만 피아치는 질병으로 인해 관측을 계속할 수가 없었다. 이후 이 새로운 천체는 자신의 궤도를 따라 태양 뒤로 사라졌고, 천문학자들의 시야에서도 벗어나고 말았다. 그 천체를 다시 찾는 것은 그리 쉽지 않았다. 피아치의

●●●

4 국제적 협력이 진행되면서 1800년에는 VAGVereinigte Astronomische Gesellschaft(천문학연맹)도 창립되었다. 이것은 세계 최초의 천문 연맹으로 오늘날 독일, 오스트리아, 스위스 등 독일어권의 천문학자들이 소속된 AGAstronomische Gesellschaft(천문협회)의 전신이다.

5 원래 이름은 시칠리아 섬의 수호 여신인 세레스와 나폴리의 왕 페르디난드의 이름을 따서 '세레스 페르디난데아'라고 불렀다가, 나중에 세레스라고 축약되었다.

얼마 안 되는 관측 결과로 계산한 궤도는 매우 부정확했기 때문이었다. 이때 다행히 위대한 수학자 카를 프리드리히 가우스Carl Friedrich Gauss가 개입하여 이 얼마 안 되는 관측 결과를 가지고 궤도를 계산하는 새로운 계산법을 개발했고, 하늘 경찰 회원들이 이 방법을 성공적으로 적용하여 1801년 12월에 세레스를 다시 찾아냈다.

그렇게 설립 1년 만에 이 국제 천문학 연구 단체의 과제는 마무리되는가 싶었다. 기대했던 대로 화성과 목성 사이에서 행성을 발견해냈기 때문이다. 그런데 1802년 3월 28일 독일 브레멘 출신의 의사이자 천문학자 하인리히 빌헬름 올베르스Heinrich Wilhelm Olbers가 화성과 목성 사이에서 또 하나의 새로운 행성을 발견하자 학자들은 어리둥절했다. '팔라스'라 이름 지어진 이 천체는 천문학자들에겐 뜻밖의 것이었다. 이미 세레스가 있는데, 또 하나의 행성이 발견되다니 어찌된 일일까? 나아가 1804년에는 또다시 '유노'가 발견되었고, 1807년에는 '베스타'가 발견되었다. 그리고 이어 몇 년간 아스트레아, 헤베, 이리스, 플로라, 메티스, 히기에아, 파르테노페, 빅토리아, 에게리아, 이레네, 유노미아가 연이어 발견되었다. 모자라던 하나의 행성 대신에 자그마치 15개의 행성이 갑자기 나타난 것이다.

이 천체들은 당시 모두 '행성'이라 불렸다. 1851년에야 독일의 자연과학자 알렉산더 폰 훔볼트Alexander Von Humboldt가 '소행성asteroid'이라는 이름을 제안했고, 그때부터 그렇게 불리게 되었다. 티티우스-보데의 법칙은 이제 더 이상 힘을 지닐 수 없었다. 소행성이 여러 개 발견되면서 티티우스-보데의 법칙은 이미 의심스러운 것이 됐고, 급기야 1846년

해왕성이 발견되면서 논란에 종지부가 찍혔다. 해왕성은 그 열에서 완전히 빠져 있었다. 그래서 사람들은 이제 이 법칙을 실제 태양계 구조와는 아무런 관계가 없는 수학적 골동품으로 보게 되었다.

이어지는 몇십 년간 소행성 목록은 나날이 불어났다. 화성과 목성 사이에 '소행성대'가 있다는 것이 확실시되었다.

433번째 소행성

그러나 19세기 학자들은 화성과 목성 사이 말고 태양계의 또 다른 곳에 소행성들이 있다는 생각은 꿈에도 하지 못했다. 이런 작은 천체들이 어디에서 유래하는지도 알지 못했다. 가장 대중적인 생각은 이런 천체들이 부서진 행성의 잔재라는 것이었다. 이런 생각은 소행성 팔라스의 발견자인 올베르스에게서 나온 것이었다. 하늘 경찰의 회원으로서 올베르스 역시 화성과 목성 사이에 행성이 '하나' 존재할 것이라고 확신했었기에 자신의 발견에 스스로 놀라고 말았다.

올베르스는 세레스와 팔라스 둘 다 부서진 행성의 파편이라고 보았고(이 부서진 행성은 나중에 '파에톤Phaeton'이라는 이름을 갖게 된다) 팔라스와 세레스 근처에 다른 작은 천체들이 더 있을 거라고 예측했다. 그리고 정말로 줄줄이 소행성들이 발견되자 올베르스의 가설이 확인되는가 싶었다. 하나의 정상적인 행성 대신 화성과 목성 사이에 크고 작은 파편들이 좍 깔려 있었던 것이다. 연구자들은 예전 그곳에 행성 파에톤이 있었으나 목성의 강력한 중력 때문에, 혹은 다른 커다란 천체와 충돌해서 산산조각이 났을 것이라고 추측했다.

당시 그것은 가장 설득력 있는 생각이었다. 오늘날에는 19세기에 비해 화성과 목성 사이에 위치한 주소행성대main asteroid belt의 행성들이 훨씬 더 많이 알려져 있다. 그러나 화성과 목성 사이에 기존에 알려진 50만 개 이상의 작은 천체 중에서 직경이 500킬로미터가 넘는 것은 세레스와 팔라스, 그리고 1807년에 발견된 소행성 베스타뿐이다.[6] 주소행성대의 모든 소행성을 합쳐도 그 질량은 달 질량의 4퍼센트(지구 질량의 0.05퍼센트)밖에 되지 않는다. 따라서 이들을 다 합친다 해도 온전한 행성을 이루기에는 역부족이다.

19세기 말이 되자 행성이 부서져서 많은 소행성들이 생겨났다는 명제는 더 이상 힘을 얻을 수가 없게 되었다. 주소행성대 밖에서 아주 특이한 궤도로 운동하고 있는 소행성들이 발견되면서부터였다. 1898년 8월 13일 밤, 베를린 우라니아 천문대의 구스타프 비트Gustav Witt와 그의 조수 펠릭스 링케Felix Linke는 하늘을 관측하고 있었다. 비트는 파트타임 천문학자였다. 낮에는 독일 연방 의회에서 속기사로 정치가들의 말을 기록하는 일을 했다. 그리고 후세에 국민 대표자들의 말을 정확히 전달하는 철저한 성격을 발휘하여 밤에는 별들을 꼼꼼히 관측했다. 그런데 8

6 소행성들은 서로 널찍한 자리를 두고 떨어져 있다. 사이언스 픽션 영화나 텔레비전 프로그램에서는 소행성대가 종종 바윗덩어리들이 서로 촘촘하게 붙은 상태로 묘사되지만, 사실 소행성들은 서로 멀찌감치 떨어져 있다.

월의 이 날 밤 관측한 밝은 점 중 하나는 별이 아닌 것으로 보였다. 그것은 움직였다. 태양계 내부의 작은 천체임에 틀림없었다.

그랬다. 비트와 링케는 또 하나의 소행성을 발견한 것이었다. 97년 전 피아치가 최초로 세레스를 발견한 이래 이미 433번째 소행성이었다.[7] 이 소행성에는 '에로스'라는 이름이 붙었다. 그러나 에로스는 점점 길어지는 소행성 목록 속의 여느 소행성과는 다른 점이 있었다. 나머지 432개의 소행성과 달리 에로스는 화성과 목성 사이에 있지 않았던 것이다. 그 밖에도 에로스의 궤도는 다른 작은 천체들과 달리 원형에 가까운 것이 아니라, 훨씬 더 길쭉했다(길게 뻗어 있었다). 태양을 공전하는 자신의 궤도에서 에로스는 화성보다 훨씬 더 가까이 지구에 근접하는 것으로 나타났다. 화성이 지구에 최대 5500만 킬로미터까지 접근할 수 있는 반면, 에로스는 2200만 킬로미터까지 지구에 다가올 수 있었다.

비트와 링케는 '근지구 소행성NEA: Near Earth Asteroid' 중 최초의 소행성을 발견했던 것이다. 근지구 소행성이란 이름 그대로 지구에 가까이 근접할 수 있는 천체들을 일컫는다. 그리고 지구와 가까운 이 소행성들 중 다수는 그 궤도가 지구의 궤도와 교차한다.

이 말은 이것들이 지구와 충돌할 수 있다는 뜻이다. 그러나 이런 인식이 받아들여지기까지는 약간의 세월이 더 필요했다. 무엇보다 태양계의 작은 천체들의 특성에 대해 더 잘 알아야 했다.

●●●

7 같은 날 밤에 프랑스의 천문학자 오귀스트 샤를루아Auguste Charlois도 같은 소행성을 관측했으나, 그는 처음에 이것이 소행성인 줄 알아보지 못했다.

태양계에서 벌어지는 아주 일상적인 일

소행성들은 기존의 천체상에 그리 어긋나지 않아 쉽게 받아들여질 수 있었다. 그러나 혜성의 경우는 조금 더 시간을 필요로 했다. 17세기 말 영국의 에드먼드 핼리Edmund Halley는 막 정립된 아이작 뉴턴의 중력 이론을 활용해, 당시 알려져 있던 여러 혜성들의 궤도를 계산했다. 이때 핼리는 과거에 관측된 몇몇 혜성은 거의 같은 공전궤도를 가지고 있음을 확인했다. 그리고 이들이 모두 같은 천체로, 행성과 같이 규칙적으로 궤도를 따라 태양을 공전하면서 76년에 한 번씩 지구에 근접한다고 결론지었다.[8] 이 혜성이 바로 오늘날 핼리라 불리는 혜성이다. 핼리 혜성은 그 뒤에 발견된 대부분의 혜성들과 마찬가지로 길쭉한 타원

●●●

8 다음번 출현은 2061년이다.

궤도로 운동한다. 태양계를 가로지르고 행성들의 궤도와 교차하는 궤도다.

19세기 초 독일의 천문학자 프리드리히 빌헬름 베셀Friedrich Wilhelm Bessel은 혜성이 하늘에서 빛을 발하는 것은 혜성 속의 바윗덩어리에서 기체가 흘러나와, 그 기체가 구름처럼 혜성을 에워싸고 밝게 빛나기 때문이라고 생각했다. 기본적으로는 옳은 생각이었다. 하지만 그의 생각은 1951년 미국의 천문학자 프레드 휘플Fred Whipple이 훗날 '지저분한 눈덩이dirty snowball'라는 별명이 붙은 혜성 모형을 제시했을 때에야 비로소 받아들여질 수 있었다. 휘플은 혜성이 먼지와 얼음, 기체로 이루어져 있으며, 혜성이 따뜻한 태양 가까이로 접근하면 이것들이 녹는다고 보았다.[9] 얼음이 녹아 우주로 빠져 나가면서 혜성 표면으로부터 먼지도 함께 떨어져 나간다. 그리하여 혜성의 핵 주변에 먼지와 기체로 된 거대한 구름이 생겨나 햇빛을 반사한다.

소행성 충돌이라는 재앙

20세기 중반에는 태양계에 행성 외에 다양한 소천체들이 있다는 사실이 널리 알려져 있었다. 소행성과 혜성은 기본적으로 암석과 얼음으로

9 정확히 말하면 승화가 일어난다고, 즉 고체에서 직접 기체 상태로 넘어간다고 보았다.

된 덩어리였고, 그들 중 몇몇의 궤도는 지구궤도와 교차할 수 있었다. 그러나 당시 대부분의 학자들은 그런 충돌이 일어날 수 있다고 믿지 않았다.

사실 그들도 먼 과거에는 하늘에서 끊임없이 이런저런 돌이 떨어지는 일이 일어났을지도 모른다는 생각은 했다. 그리고 어쨌든 화학과 지질학은 이런 암석의 성분이 지구의 암석의 성분과는 완전히 다르다는 것을 확인해내는 데까지 이르렀다. 그러나 학자들은 운석이 설사 지구에 떨어지더라도 그것은 아주 드문 일이며, 커다란 해를 입히지는 않는다고 생각했다.

대부분의 지질학자들은 그들의 이론에 재앙을 끼워넣기를 주저했다. 교회와 종교는 너무나 오랜 세월에 걸쳐 학문에 영향을 미쳐왔고, 대홍수와 같은 성경의 이야기는 학문과 동등한 이론으로 여겨졌다. 과학에서 '천변지이설catastrophism[10]'을 확산시킨 사람은 19세기 초 프랑스의 학자 조르주 퀴비에Georges Cuvier였다. 고생물학의 창시자 중 한 명인 그는 1808년 파리 근처에서 지층과 화석을 연구하던 중 멸종된 동식물의 화석을 간직한 일곱 개의 서로 다른 암석층을 발견했다. 그런데 각 지층의 화석들이 서로 전혀 무관한 생물인 것으로 보였다. 지층들 사이에 해양 동물의 흔적만을 간직한 지층이 있는 것을 발견한 그는 정기적인 간격을 두고 지구에 범람이 발생하여 기존의 동식물계가 완전히 멸절되고

---

10 지구상에 때때로 커다란 변화가 일어나 지표면의 모양이 완전히 달라지고, 생물이 모두 멸종된 뒤 새로운 생물이 창조되었다고 보는 학설. 격변설이라고도 한다. -옮긴이

새로운 동식물계로 대치된다는 결론을 내렸다. 퀴비에는 자신의 연구와 종교적 도그마를 연관시키지 않았다(최소한 그의 저작물에는 그런 언급이 없다). 그러나 다른 연구자들은 대뜸 파리 분지의 발굴 결과를 신이 자연에 개입했다는 증거로 해석하고자 했다.

신에게서 비롯된 세계적인 대홍수는 19세기가 무르익기까지 여러 지질학적, 생물학적 현상의 원인으로 여겨졌다. 그리고 비로소 스코틀랜드의 지질학자 찰스 라이엘Charles Lyell의 철저한 연구가 이런 설명을 변화시키기 시작했다. 1830년에서 1833년 사이에 라이엘은 3권으로 된 《지질학 원리The Principles of Geology》를 출판했다. 이 책의 제목을 보면 그 내용이 무엇인지 알 수 있다. 정확한 제목은 '지질학 원리: 과거 지표면의 변화를 오늘날 진행되는 과정을 통해 설명하려는 시도'였다.

라이엘은 현재 지표면의 지질학적 구조가 형성되기 위해 커다란 재앙이나 초자연적인 존재의 개입 같은 것은 필요하지 않다고 주장했다. 그는 물이 암석 위로 흘러넘치고, 바람이 땅을 휩쓸고, 물결이 자갈돌들을 서로 부대끼게 하는 등 오늘날 지구 곳곳에서 일어나고 있는 현상들을 눈여겨보는 것만으로도 충분하다고 했다. 이 모든 것은 단기적으로는 지구의 모습에 별다른 영향을 끼치지 않지만, 충분히 오랜 시간이 지나면 이런 과정이 지구의 얼굴을 바꾸고 커다란 대륙의 모습을 변화시킬 수 있다는 것이었다. 라이엘의 저작은 찰스 다윈Charles Darwin의 연구에도 영향을 미쳤다. 다윈 역시 자신의 진화론에서 오랜 세월에 걸쳐 일어나는 작은 변화들을 생물 다양성의 원인으로 지목했다. 라이엘과 다윈은 갑작스런 멸망과 새로운 창조라는 종교적 표상을 과학 연구로부터 몰아냈다. 그래서 20세기에 과학자들은 이런 재앙을 다시금 그들의 학문으로 좀처럼 들여보내기가 어려웠다.

물론 달 표면에는 많은 분화구들이 보였고, 지질학자들은 지구에서도 몇몇 인상적인 분화구를 발견했다. 그러나 이런 분화구가 화산 폭발로 생긴 것이라고 생각했지 소행성 충돌로 인한 것이라고는 생각하지 않았다. 그러다 미국의 지질학자 유진 슈메이커Eugene Shoemaker의 연구가 비로소 시각의 전환을 불러일으켰다. 1940년대에 슈메이커는 지상에서 핵폭탄 실험으로 말미암은 커다란 분화구를 연구했고, 애리조나의 커다란 분화구인 배린저 크레이터Barringer Crater의 암석이 핵폭탄 실험으로 인해 생겨난 암석들과 비슷하다는 것을 발견했다. 그러고는 분화구의 생성 원인을 찾는 데 관심을 기울여 (에드 차오와 함께) 코사이트coesite를 발견했다. 이 광물은 핵폭탄 실험이나 소행성 충돌처럼 높은 온도와 압력 가운데에서만 생겨날 수 있는 특별한 결정이었다.

슈메이커는 배린저 크레이터, 독일의 뇌르틀링거 리스 같은 지질학적 구조들이 소행성 충돌로 인해 생긴 것임을 증명했다. 이어 그는 다른 천체들의 지질학에도 관심을 갖기 시작했으며, 달에 있는 분화구들을 연구하고 그 탄생의 수수께끼들을 풀고자 했다. 신체검사 결과 건강상의 문제가 발견되지 않았더라면 그는 아폴로 우주선을 타고 달로 날아갈 수도 있었을 것이다. 그러나 그는 미국항공우주국NASA의 우주 비행사들에게 지질학적 교육을 시켜주는 것으로 만족해야 했다.

1994년에 슈메이커는 세계적으로 유명해졌다. 전 세계 천문학자들은 슈메이커의 명제가 옳았다는 것을 눈으로 확인할 수 있었다. 슈메이커가 1993년에 데이비드 레비, 그리고 자신의 아내 캐롤라인 슈메이커와 함께 발견한 혜성인 '슈메이커 레비 9'가 1994년, 목성에 다가가고 있었던 것이다. 이 혜성과 목성은 이들이 미리 예측한 시점에 맞추어 서로 충돌했다.

지구와 가까운 소행성의 운명

오늘날 우리는 소행성이나 혜성과 충돌하는 것이 태양계에서는 그리 특별한 일이 아니라는 것을 알고 있다. 1898년 최초로 근지구 소행성을 발견한 이래, 천문학자들은 화성궤도와 금성궤도 사이에서 1만 개가 넘는 크고 작은 암석 덩어리들을 발견했다. 이들은 언제든 지구의 궤도와 교차할 수 있다. 커다란 행성에 근접하면 작은 천체들의 궤도가 변하고, 언제 일어나든 충돌이라는 재앙은 찾아오게 되어 있다.

빈대학교의 천문학자 루돌프 드보르작Rudolf Dvorak은 1999년에 소행성 에로스가 약 2000만 년 동안 태양계 속에 있다가 궤도의 방해로 태양과 충돌하게 될 것이라고 예측했다. 지구와 가까운 소행성들은 모두 같은 운명을 앞두고 있다. 그들은 태양에 먹혀버리거나, 행성들과 충돌하게 된다. 그들의 수명은 보통 1000만 년밖에 되지 않는다.[11] 그것은 곧 행성과 소행성의 충돌이 태양계에서 아주 일상적인 일이라는 의미다.

마찬가지로 오늘날 우리는 태양계의 바깥쪽 지역에 몇조 개에 이르는 어마어마한 양의 혜성들이 존재한다는 것(소위 '오르트 구름Oort

Cloud'[12])을 알고 있다. 이들 중 대부분은 태양계의 외곽을 돌고 있지만, 간혹 근처를 지나가는 항성의 중력적 영향으로 인해 그들 중 하나가 태양계 내부로 들어올 수도 있으며, 이 과정에서 지구에 접근하여 충돌할 수도 있다.

소행성이든, 혜성이든 충돌할 수 있다. 태양계에는 충돌이 많이 일어난다. 지구는 많은 표적 중 하나일 뿐이다. 우리는 지질학적 연구를 통해 과거에 지구가 우주에서 연신 날아오는 암석 덩어리와 충돌했다는 것을 알 수 있다. 그리고 첼랴빈스크의 운석과 같은 사건들은 이런 충돌이 여전히 일어나고 있음을 입증한다. 천문학적 인식에 따르면 인류는 미래에도 소행성 충돌을 염두에 두어야 한다. 이런 일이 단지 창문 몇 장 깨지는 결과로 끝나면 기뻐해야 할 것이다. 우주에서 일어나는 충돌은 그보다 훨씬 더 불쾌한 결과를 가져올 수도 있기 때문이다.

●●●

11 바깥쪽 태양계에 위치한 커다란 행성들의 중력으로 말미암아 지구에서 먼 소행성대로부터 새로운 소행성들이 계속 지구 가까이로 오게 된다. 따라서 근지구 소행성들의 수명은 짧지만, 계속해서 새로운 소행성들이 지구 가까이로 공급되는 것이다.

12 태양계를 껍질처럼 둘러싸고 있는 것으로 추측되는, 먼지와 얼음으로 이루어진 가설적인 천체 집단. 장주기 혜성의 근원지로 여겨진다. -옮긴이

2장

얇은 회색 선

6500만 년 전 지구를 지배했던 공룡은 왜 갑자기 사라졌을까? 우주에서 날아온 거대한 소행성과의 충돌이 공룡을 멸종시킨 것일까? 학자들은 이에 대한 답을 지구 지층 속에서 찾았다. 그리고 과거 공룡이 겪었기 때문에 미래 인류도 소행성 충돌을 겪게 될 것이라고 경고한다.

지층 속에 숨겨진 비밀

지구의 암석 표면을 보면 얇은 회색 선이 그어져 있다. 그러한 선이 세계 어느 지역에서나 발견된다. 이 선은 두 개의 지질 시대를 가르는 선이다. 선 아래로는 소위 '백악기'에 속한 화석들을 만날 수 있고, 선 위로는 고古제3기Paleogene(제3기의 전반)의 생물이 화석화된 것을 알 수 있다(고제3기는 2000년까지는 그냥 제3기Tertiary라 불렸다). 이 선 위와 선 아래의 세계는 근본적으로 다르다. 더 이전 시대인 백악기 지층에서는 공룡 뼈 화석이 발견된다. 백악기 이후의 시대인 고제3기 층에서는 공룡 화석은 사라지고 없다. 그 중간에 보이는 얇은 회색 선은 1억 년 이상 세계를 지배해온 파충류인 공룡의 멸종을 표시해준다.

공룡의 존재는 19세기에 이미 알려졌다. 당시 고생물학자들이 공룡 뼈 화석을 체계적으로 발굴하고 연구했던 것이다. 뒤이어 몇십 년간 어떤 동물이 암석층에 이런 뼈들을 남겼는지 점점 더 자세히 알 수 있었다. 그러나 이들이 왜 지금은 더 이상 존재하지 않는지는 오랫동안 수수께끼였다. 이 수수께끼는 지질학자들이 암석에서 얇은 회색 선을 연구하면서 비로소 풀리기 시작했다.

이리듐의 발견

미국의 지질학자 월터 앨버레즈Walter Alvarez는 이런 얇은 선, 즉 'K/T 경계층'[13]을 주목했다. 앨버레즈 연구팀은 이탈리아 구비오Gubbio의 암석에서 경계층을 자세히 연구했다. 이런 경계층이 이미 약 6500만 년 전에 형성되었다는 사실은 당시 이미 알려져 있었고, 앨버레즈 팀은 이제 이런 경계층이 얼마나 오랜 세월에 걸쳐 형성되었는지를 규명하고자 했다. 얇은 회색 선의 암석이 수만 년에 걸쳐 퇴적되었는지, 아니면 이 과정이 빠르게 진행되었는지를 알아내고 싶어 했다. 암석층이 얇을수록 보통은 퇴적 또한 빠르게 형성된 것이라고 볼 수 있다. 그러나 퇴적 과정이 아주 느리게 진행되어 긴 세월 동안에 만들어진 암석일지라도 층이 얇은 경우가 있었다. 앨버레즈는 이와 관련된 지질학적 수수께끼를 풀고자 했다. 그러나 처음에는 이것이 공룡과 연관이 있을 것이라고는

13 제3기Tertiary가 그동안에 고제3기Paleogene라고 개명되었으므로 원래는 이 경계층의 이름도 K/P 경계층이라고 바꾸어야 할 것이지만, 오늘날 여전히 일반적으로 K/T 경계층, 혹은 K/T 경계선이라는 이름이 쓰이고 있다.

꿈에도 생각하지 못했다.

앨버레즈는 아버지와 함께 K/T 경계층 성장 속도를 측정하는 방법을 개발했다. 그 방법은 가히 놀라운 것이었다. 월터 앨버레즈의 아버지 루이스 앨버레즈Luis Alvarez는 노벨 물리학상 수상자였는데, 그는 암석에서 귀금속인 이리듐을 찾아보자는 생각을 했다. 이리듐은 지표면에서는 거의 발견되지 않는 희귀한 금속이다. 지구가 생성될 때 지구의 핵 속으로 깊이 가라앉았기 때문이다. 그래서 오늘날 지표면에는 이리듐이 거의 존재하지 않는다. 그러나 운석에 대한 지질학적 연구로부터 소행성에는 이리듐이 아주 많이 발견된다는 것이 알려졌다. 소행성의 암석 덩어리는 행성이 생성되는 데 참여하지 않았고, 그로써 결코 용해되지 않았다. 그리하여 그 성분은 45억 년 전 태양계가 생성될 때와 마찬가지의 비율로 나타난다.

따라서 지표면 어디선가 많은 양의 이리듐이 발견된다면, 그것은 지구 외부에서 온 것이 틀림없었다. 앨버레즈 부자는 이런 경우가 커다란 소행성의 충돌 같은 것보다는 우주 먼지가 끊임없이 '비'처럼 내린 데서 비롯되었다고 생각했다. 우주에는 다양한 크기의 암석들뿐 아니라 미세한 먼지들도 많이 있고, 이 먼지들이 끊임없이 지구와 만난다. 먼지들은 크기가 작아 지표면으로 내려오는 길에 타버리지 않고, 온전하게 지면으로 날아온다. 우주에서 내리는 먼지비의 비율은 몇천 년간 어느 정도 일정할 것이고, 그래서 지구에 일정한 양의 이리듐이 도착할 것이라고 예상할 수 있었다.

그리하여 루이즈 앨버레즈는 K/T 경계층에 얼마나 많은 이리듐이 존재하는지를 측정하고, 1년에 지면으로 내려오는 이리듐의 양이 얼마나 되는지를 알면 그 경계층이 퇴적되는 데 얼마나 오래 걸렸는지를 계산할 수 있다고 생각했다. 그러나 이것을 측정하는 것은 쉽지 않은 일이었다. 이리듐의 양이 매우 근소했기 때문이다. 그래서 앨버레즈는 그의 동료 프랭크 아사로Frank Asaro, 헬렌 미헬스Helen Michels와 함께 새로운 측정 및 분석법을 개발했다. 그리고 1980년에야 비로소 발표한 결과는 굉장히 놀라웠다.[14]

계산 결과 지각[15]에 포함된 이리듐의 일반적인 양은 약 0.000000004(10억 분의 4)퍼센트로 측정되었다. 그러나 K/T 경계층은 이상하게도 이리듐 비율이 30배나 높았다! 앨버레즈 팀은 이탈리아의 지각 표본 외에 덴마크의 암석도 연구했는데 그곳에서도 이리듐의 양은 예상한 값의 160배를 웃돌았다. 그러므로 6500만 년 전에 많은 양의 이리듐이 지구에 도달한 것이 틀림없었다. 그렇게 하여 지구 전역의 K/T 경계층에 퇴적된 것이다.

●●●

14 루이스 앨버레즈가 이 퇴적층이 오랜 기간에 걸쳐 생성되었다고 생각했기 때문에, 결론이 나는 데 오랜 시간이 걸렸다고 한다.–옮긴이

15 지구의 가장 겉부분을 이루는 단단한 암석층.–옮긴이

공룡 킬러

앨버레즈 부자는 이와 같은 과정을 통해 당시 커다란 소행성이 지구와 충돌했음에 틀림이 없다고 확신하게 되었다. 이리듐이 그렇게 이상할 정도로 농축되어 있는 현상은 일반적으로 지구에 내려오는 우주 먼지로는 설명할 수가 없었다. 계산을 해보니 이런 비정상적인 이리듐의 양은 직경 10킬로미터 이상의 소행성과의 충돌을 통해서만 농축될 수 있는 것으로 나타났다. 이를 근거로 어떤 사건이 공룡의 멸종을 불러왔는지 명확해진 것으로 보였다. 즉 소행성 충돌이 공룡의 멸망을 불렀다는 결론이었다.

2013년 2월 첼랴빈스크 상공에서 폭발한 것과 같은 작은 소행성은 전 지구적인 피해를 입힐 수 없다. 그런 것은 크레이터를 만들 만큼 온전한 상태로 지면에 도달하지도 못한다. 크레이터를 남기려면, 부서지지 않은 상태로 직경이 최소 50미터는 되어야 할 것이다. 이 정도가 되어도 파괴는 제한된 지역에만 국한된다. 그러나 직경 500미터에서 1000미터 정도 되는 천체라면 이야기가 달라진다. 그런 커다란 바윗덩어리는 지구의 어느 부분과 충돌하든 상관이 없다. 피해는 전 지구에 걸쳐 발생한다.

소행성은 초속 몇십 킬로미터의 속도로 지표면에 충돌한다. 충돌에서 어마어마한 양의 운동 에너지가 갑작스럽게 방출된다. 그리고 이로 인한 폭발이 커다란 크레이터를 만든다. 운석이 바다에 떨어지는지, 아니면 땅에 떨어지는지와 같은 문제도 그다지 중요하지 않다. 약간의 물이 있다고 해도 직경 1킬로미터 크기의 소행성에 브레이크를 걸지 못한다. 지구의 대양은 깊어봤자 깊이가 3~4킬로미터이고, 이 정도는 그런 소행성에게는 우리 행성의 암석층을 두르고 있는 물로 된 엷은 막에 지나지 않는다.

이런 소행성이 지구와 충돌을 하면 어마어마한 열 및 압력파가 1000킬로미터 반경의 모든 생물들을 싹쓸이하게 될 것이다. 충돌이 해양에서 일어나는 경우, 거대한 쓰나미마저 모든 해안에서 육지 깊숙한 곳까지 덮치게 된다. 크레이터가 형성될 때는 엄청난 양의 암석 파편들과 먼지가 공중으로 높이 날아가게 되는데, 이런 일이 너무나 빠른 속도로 일어나기 때문에 암석의 일부는 지구의 중력장을 떠나 우주 속으로 내던져진다. 이렇게 던져진 파편들의 대부분은 이어지는 며칠간 다시 지구로 떨어진다. 따라서 지구 곳곳에서 계속적인 충돌이 일어날 수 있다. 작은 파편들은 대부분 지면으로 다시 떨어지거나 공기 중에서 불타면서 대기의 온도를 급격히 높인다. 대기의 온도는 단기적으로는 생명을 위협하는 정도까지 치솟게 되고, 해수면 아래나 지하로 대피할 수 없는 생물들은 전 지구적인 열기에 노출되어 여간해서는 살아남기가 힘들다.

먼지 또한 전 지구적으로 상층 대기에 분산되어 어두운 장막처럼 하늘을 뒤덮게 될 것이다. 그러면 몇 주에서 몇 달에 걸쳐 태양빛이 지면에 도달하지 못하게 되고, 길고 추운 겨울은 생태계의 먹이사슬을 완전히 망가뜨려버린다. 광합성에 의존하는 식물과 해초들은 서서히 사멸한다. 그러면 초식동물들은 점점 먹이가 줄어들게 되며, 육식동물들의 형편도 다르지 않게 된다. 또한 크레이터가 형성될 때 기화된 암석에는 유황이 함유되어 있으며, 이 유황은 공기 중에서 산성비로 내린다.

크레이터는 어디에 있는가

커다란 소행성과의 충돌은 과연 세계 멸망을 불러일으키는 사건이고, 6500만 년 전 지구에서 일어났던 지구의 대량 멸종을 잘 설명해줄 수 있다. 그럼에도 학자들은 처음에 루이스 앨버레즈와 월터 앨버레즈의 가설에 대해 회의적인 태도를 보였다. 혹시 지표면의 화산 폭발 같은 것을 통해서 이리듐의 농도가 높아지지는 않았을까? 공룡은 다른 방식으로 멸종되지 않았을까? 게다가 정말로 직경 10킬로미터 크기의 소행성이 지구와 충돌했다면, 크레이터는 대체 어디에 있단 말인가?

이 점은 정말로 앨버레즈 부자 이론의 커다란 약점으로 보였다. 직경 10킬로미터 크기의 소행성은 적어도 직경 100킬로미터가 넘는 크레이터를 남겼을 텐데, 그런 크레이터는 도무지 볼 수가 없는 것이었다. 충돌 크레이터는 비교적 빠르게 풍화가 진행된다는 데 문제가 있었다. 수천만 년이 흐르면서 비바람이 크레이터 벽을 침식하고, 화산 폭발과 계속적인 퇴적층이 충돌 자국을 덮어버린다. 지표면의 70퍼센트 이상은 물로 덮여 있으므로, 크레이터가 해저에 존재한다면 선박들을 동원해서 지루하게 측정함으로써만 발견할 수 있을 것이다. 위성으로 측량을 하는 방법도 있겠지만, 당시에는 아직 오늘날과 같은 정도의 측정이 불가능했다.

이제 비정상적인 이리듐 농축 현상은 이탈리아와 덴마크의 암석뿐 아니라 지구 전 지역에서 측정되었다. 그것들이 정말로 소행성 충돌에서 비롯된 것이라면, 충돌 장소에 가까이 갈수록 K/T 경계층이 더 두꺼워지고 더 많은 이리듐을 함유하고 있어야 할 것이었다. 두께 차이는 실제로 나타났다. 그리고 이 차이로 미루어볼 때 중앙 아메리카 어딘가에 충돌 장소가 있을 것 같았다. 하지만 그곳에는 크레이터가 없었다. 월터 앨버레즈와 대부분의 과학자들은 그렇게 여겼다. 사실은 이미 1940년부터 멕시코에 지질학적으로 특이한 장소가 있다는 것이 알려져 있었는데도 말이다. 그곳은 멕시코의 국영 석유 회사 직원들이 유카탄 반도에서 시추 작업을 하다가 발견한 장소였다. 석유 회사 사람들은 이곳에 석유가 매장되어 있기를 바랐지만 결국 이상한 암석만 발견했던 것이다. 당시에는 이곳이 소행성 충돌의 증거가 되는 장소라고는 아무도 생각하지 못했다.

20세기 중반 지질학자들은 충돌과 소행성 크레이터 같은 것에는 별로 관심이 없었다. 유진 슈메이커의 발견도 몇 년 뒤에나 이루어진 것이었다(1장 참고). 이런 상태는 1981년 두 사람의 멕시코 지리학자가 유카탄 반도의 특이한 장소가 충돌 크레이터일지도 모른다는 추측을 표명할 때까지 계속되었다. 사실 이때도 이 두 사람의 말은 별로 주목을 받지 못했다. 그러다 10년이나 흐른 시점에 앨버레즈 부자는 이들의 데이터에 주목하게 되었고, 그것이 비정상적인 이리듐 농축과 관련이 있을지도 모른다는 생각을 하게 되었다. 그러나 암석 표본을 구하는 것은 쉽지 않았다. 역설적이게도 멕시코 석유 회사의 한 직원이 수년 동안 그곳에서 가져온 한 돌덩이를 문진(종이 누르개paper weight)으로 사용해왔음이 밝혀지면서 돌파구가 마련되었다. 결국 그 돌은 6500만 년 전 충돌에 의해 변형된 암석이라는 것으로 밝혀졌다.

오늘날 멕시코의 지하에 묻혀 있는 이 크레이터는 정확히 측정되었다. 몇백 미터 두께의 퇴적층 아래로 직경 약 200킬로미터의 충돌 크레이터가 놓여 있다. 크레이터 주변에는 당시 일어났던 재앙을 암시하는 흔적들이 있다(슈메이커가 기술한 코사이트와 같은 광물과 강력한 쓰나미로부터 비롯된 퇴적물들이 그 예다). 이제는 우주에서도 이 크레이터를 측량할 수 있게 되었다. 그리하여 오늘날에는 6500만 년 전에 커다란 소행성이 지구와 충돌했다는 사실을 의심하는 사람이 거의 없다.

과거에도 일어났다면 미래에도 일어날 수 있는가

학자들은 이제 이런 일이 미래에도 일어날 수 있을지에 대해 질문을 던지고 있다. 이런 일이 일어날 수 있다면, 일어날 확률은 어느 정도일까? 이에 대답할 수 있으려면 과거 소행성이 지구와 충돌하는 사건이 얼마나 자주 있었는지, 그리고 우주에 얼마나 많은 천체들이 돌아다니고 있는지를 알아야 한다. '소행성이 얼마나 자주 지구와 충돌해왔는가?'라는 질문에 대한 대답은 지구만 관찰하는 것으로는 얻기 힘들다. 지구에서는 세월이 흐르면서 비바람이 크레이터의 흔적을 지워버리기 때문이다. 물론 그밖의 원인에 의해서도 지표면은 끊임없이 변화한다(3장 참고). 대륙들은 천천히 이동하고 서로 충돌하기도 한다. 전에는 해저에 있었던 지각이 산맥으로 솟아오르기도 하고, 다시금 지구 내부로 사라졌다가 그곳에서 암석이 녹아 다른 곳에서 용암이 되어서는 지표면으로 흘러나와 새로운 땅을 이루기도 한다. 이렇게 몇억 년이 흐르고 나면 지구상의 크레이터는 더 이상 알아볼 수가 없다.

다행히 우리에겐 가까운 이웃, 달이 있다. 달은 너무 작고 빨리 식어버리는 바람에 판구조 활동이 진행되지 못했다. 달 표면은 생긴 그대로 변함없이 유지된다. 그리하여 세월이 흐르면서 얻은 거의 모든 크레이터를 지금도 볼 수 있다. 또한 달에는 대기도 없기 때문에 크레이터를 침식시키는 비바람도 역시 없다. 뿐만 아니라 지구와 달리 달에는 작은 소행성들에게 브레이크를 걸어 파괴시키는 대기막도 없으므로, 아무리 작은 소행성이라도 거침없이 달 표면에 충돌하여 작은 크레이터를 남길 수 있다. 따라서 달의 크레이터를 가만히 세어보면, 우리가 위치한 태양계의 소행성 활동에 대해 대략적으로 알 수 있다.

소행성 충돌에 대한 또 하나의 정보원이 있다. 일반인들에겐 약간 신뢰성이 떨어지고 접근하기 힘든 정보의 원천이다. 바로 군 정보기관에서 작성하는 자료다. 물론 전 세계 군 기관이 소행성과 혜성에 대해 연구하는 것은 아니다. 그러나 다른 국가에서 대규모 (원자) 폭탄 같은 것에 대한 비밀 실험을 하는지의 여부를 알아내고자 감시 센터를 운영하여 하늘에 나타나는 섬광들, 혹은 강한 폭발로 인한 음파들을 감지한다. 그 와중에 작은 소행성 충돌 같은 것도 자연스럽게 그들의 감시망에 들어오게 되는 것이다. 첼랴빈스크에서와 같은 사건들은 지면에 크레이터를 남기지 않았지만, 대기 중에서 밝은 섬광과 강력한 폭발음은 야기했다. 이 경우는 소행성이 지면과 충분히 가까운 곳에서 분해되었기 때문에 군 정보기관의 감시망 없이도 그 사건을 기록할 수 있었다. 하지만 그보다 훨씬 작은 바윗덩어리들은 그렇게 주목을 일으키지 못하고 대기 중의 매우 위쪽에 해당되는 곳에서 폭발해버린다. 그러면 군 정보기관이나 학자들의 도구만이 그것들을 감지하게 된다.

밤마다 지금까지 알려지지 않은 소행성들을 수색하는 천문학자들도 있다. 전업 학자들뿐만 아니라, 많은 아마추어 천문학자들도 혜성과 소행성을 관측하고 정기적으로 새로운 천체를 발견하고 있다. 물론 요즘은 대부분의 발견이 위성이나 우주 망원경으로 이루어진다.

기존의 모든 자료로 볼 때 지구에 가까운 소행성들 중 직경 1킬로미터 이상 되는 소행성들(즉 전 지구적인 재앙을 불러올 수 있는 것들)은 90퍼센트 이상이 발견된 것으로 평가된다. 또한 그런 자료들에 근거하여 오늘날 우리는 6500만 년 전의 소행성 충돌과 같은 재앙은 정말로 드문 사건이라고 확실히 말할 수 있다. 직경이 1킬로미터보다 큰 소행성과 충돌하는 일은 평균적으로 60만 년에 한 번씩 일어나며, 공룡을 멸망시켰던 때처럼 10킬로미터 이상의 소행성과 충돌하는 일은 5000만 년에 한 번씩 있는 일로 평가된다. 첼랴빈스크에서 일어난 일과 같이 더 작은 사건들은 물론 더 자주 발생한다. 작은 바윗덩어리들이 많이 날아다니기 때문이다. 평균적으로 그런 일은 50년에 한 번꼴로 일어난다.

그러나 작은 천체가 전 지구적인 재앙을 초래하지 않는다 해도, 그것들이 위험하지 않다는 얘기는 아니다. 첼랴빈스크의 소행성은 다행히 대기권 상층부에서 분해되어, 지면에서는 유리창이 깨지는 정도의 피해를 유발하는 데 그쳤다. 그러나 그 소행성의 크기가 조금만 더 컸다면 아마 지표면 가까이에서 폭발했을 것이고, 창문 대신 집들이 무너졌을 것이다.

퉁구스카는 왜 폭발했을까?

조금 더 큰 소행성이 날아다닐 경우 어떤 일이 일어나는지는 1908년 시베리아에서 관찰할 수 있었다. 아니, 정확히는 그 사건이 인적이 없는 타이가에서 일어나지 않았더라면 관찰이 가능했을 것이다. 1908년 6월 30일, 몇몇 상인들과 시베리아 원주민들만이 그 지역에 있었다. 사건이 일어난 장소에서 불과 65킬로미터 떨어진 곳에 위치한 바나바라 마을 사람들은 멀리 숲 위에서 거대한 불덩어리 하나가 '하늘을 두 쪽으로 가르는 것'을 보았다. 타이가는 화염에 휩싸인 듯했고, 견디기 힘든 뜨거운 바람이 작은 마을로 불어닥쳤다. 이어 귀청을 마비시키는 천둥소리가 났고, 충격파로 인해 사람들이 몇 미터 상공으로 떠올랐다. 유리창은 날아가버렸고, 문은 찌그러졌다.

커다란 폭발음과 강한 빛은 수백 킬로미터 떨어진 곳에서도 보고 들을 수가 있었다. 유럽과 아시아 곳곳에서 지진계가 요동쳤다. 독일에서도 학자들은 이 사건을 감지할 수 있었다. 그러나 시베리아에서 대체 무슨 일이 난 것인지 아무도 알 수가 없었다. 폭발은 예니세이 강Yenisey River의 지류인 스토니 퉁구스카 강Stony Tunguska River 근처에서 일어나 문명을 완전히 비껴갔고, 당시 제1차 세계 대전과 러시아 10월 혁명으로 인해 그 지역으로 탐험을 가는 것도 불가능했다. 1927년에서야 체코의 과학자 레오니드 쿨릭Leonid Kulik이 폭발이 일어났던 지역으로 들어갈 수 있었다.

쿨릭은 그곳에서 커다란 충돌 크레이터를 발견하게 될 거라고 기대했다. 그러나 그의 눈에 띈 것은 완전히 파괴된 타이가의 모습이었다. 거의 2000제곱킬로미터에 이르는 (베를린 시의 두 배에 이르는) 지역의 나무가 죄다 뿌리 뽑히거나 쓰러져 있었다. 쿨릭은 최소 6000만 그루의 나무가 폭발로 인해 손상되었다고 보았다. 그러나 뒤이은 여러 탐사에서도 폭발을 유발한 크레이터나 소행성의 잔재 같은 것은 전혀 찾을 수가 없었다.

충돌 흔적을 찾지 못한 채 세월이 흐르면서 퉁구스카 폭발 원인에 대해 기괴한 추측들이 등장하기 시작했다. 미국의 천문학자 링컨 라파즈Lincoln LaPaz는 1941년 반물질[16] 덩어리가 이곳 시베리아 삼림을 파괴한 주범이라는 추측을 내놓았다. 1970년대 다른 과학자들은 작은 블랙홀이 지구와 충돌하면서 이런 재앙이 빚어졌을 수도 있다고 주장했다(이

16 반물질反物質, antimatter은 반입자의 개념을 물질로 확대시킨 것이다. 물질이 입자로 이루어져 있듯이 반물질은 반입자로 구성되어 있다. –옮긴이

경우 블랙홀은 지구를 통과했을 텐데, 북대서양에 블랙홀이 빠져나간 흔적이 보이지 않는다). 외계 문명의 우주선이 추락했다거나, 구소련이 비밀리에 과학 실험을 진행했다는 설도 있었다. 그러나 연구자들은 퉁구스카 지역을 새롭게 탐사한 가운데 니켈과 철의 함량이 높은 미세한 입자들을 발견했다. 니켈과 철은 소행성과 혜성을 구성하는 전형적인 성분들이므로, 이는 곧 퉁구스카의 폭발이 소행성 충돌로 인한 것이라는 구체적인 암시였다.

현재는 1908년 시베리아의 타이가에서도 2013년 첼랴빈스크에서 일어난 것 같은 공중 폭발이 있었을 것이라는 설이 가장 유력하다. 당시 직경이 약 60미터인 소행성이 지표면에서 불과 약 5~10킬로미터 떨어진 상공에서 폭발했다. 그 에너지는 10~15메가톤급 TNT의 폭발과 맞먹는 수준으로, 히로시마 원자폭탄의 에너지보다 약 1000배 더 강했다. 만약 그 일이 사람이 살지 않는 타이가 상공에서가 아니라, 인구밀도가 높은 지역에서 일어났다면 베를린이나 파리 같은 거대 도시를 쑥대밭으로 만들기에 충분했을 것이다.

다행히 지구상의 대부분의 지역은 인구밀도가 높지 않고, 퉁구스카에서와 같은 공중 폭발은 아주 드물게 일어난다. 그러나 그와 같은 일이 일어나긴 한다. 미래에 일어날 수도 있다. 공중 폭발 같은 일이 일어나기 전에 우리에게 무슨 일이 닥칠지 미리 알 수 있다면 좋겠지만 그것은 쉬운 일이 아니다. 예측을 위해서는 소행성을 제때 발견해야 하고, 그 궤도를 정확히 계산해야 하기 때문이다.

오류는 늘 따라다닌다

궤도 결정의 어려움은 최초로 알려진 소행성인 세레스에서 이미 불거졌다. 1801년 세레스를 발견한 직후 천문학자들은 세레스를 눈에서 다시 놓치고 말았다. 그 궤도를 잘 몰랐기 때문이었다. 카를 프리드리히 가우스가 천체 궤도를 계산하는 방법을 새로 개발한 덕에 비로소 천문학자들은 어디서 세레스를 찾아야 할지를 알 수 있었다. 오늘날 천문학자들은 더 이상 스스로 계산하지 않고, 컴퓨터를 동원한다. 그럼에도 불구하고 소행성의 궤도를 정확히 측정하는 것은 여전히 쉬운 일이 아니다.

소행성 궤도의 측정이 어려운 원인은 우선 자연 자체에 있다. 두 개 이상의 천체가 중력을 통해 서로에게 영향을 주기 시작하면, 그들의 운동을 모든 시간에 걸쳐 정확히 예측하는 것은 불가능해진다(3장 참고). 단지 근사치만을 구할 수 있을 뿐이다. 그런데 근사치들은 궤도를 최소한 몇백 년 혹은 몇십 년 앞서 계산하는 데는 충분하지 않다. 게다가 유감스럽게도 인간이 소행성 관측에서 범하는 실수들까지 더해진다. 계산된 궤도는 관측 데이터만큼만 정확할 수 있다. 그 데이터를 토대로 계산이 이루어지기 때문이다. 그런데 우리의 망원경이 아무리 크고 좋아도, 또 천문학자들이 아무리 애를 써도, 결국 관측과 측정에는 늘 작은 실수나 오류가 있게 마련이다.

어떤 측정 도구도 완벽하게 정확히 작동하지는 않으며, 어떤 카메라도 하늘을 완전무결하게 모사하지 못한다. 늘 작은 장애들이 있다. 지구의 대기가 불안정해 상이 선명하지 못할 수도 있다. 또 천문학자들의 디지털 카메라 속 감광 소자의 해상도에는 한계가 있고, 망원경들은 특정 한 양의 빛만을 포착할 수 있다. 그렇게 얻은 데이터는 늘 부정확성을 내포하고 있고, 세심한 작업과 최신 기술로 부정확성을 줄일 수는 있지만 완전히 제거할 수는 없다.

따라서 하늘에 새로운 소행성이 발견된다고 금방 그 궤도를 명확히 규정할 수 있는 것은 아니다. 천체가 움직이는 명확한 선이 아닌, 소행성이 체재하게 될 통로 정도만을 계산할 수 있을 뿐이다. 데이터가 풍부하고 정확할수록 이 통로는 더 좁아진다. 하지만 데이터를 수집하는 데는 보통 약간의 시간이 걸린다. 소행성 발견 직후에는 대부분은 관측 데이터가 별로 없으며, 충분하지 않은 데이터로 궤도를 계산해야 한다. 따라서 그 결과도 부정확할 수밖에 없다. 계속하여 양질의 관측들이 이루어져야 비로소 소행성의 궤도 통로를 더 좁힐 수 있을 뿐이다. 그래서 새로 발견되는 많은 천체들의 경우, 처음에는 그것들이 지구랑 충돌할 것처럼 보인다. 사실은 그럴 위험이 없는데도 말이다.

지구와 다른 천체가 충돌하려면 그 두 천체의 궤도가 교차하는 것만으로는 불충분하다. 행성과 소행성이 또한 같은 시기에 같은 장소에 있어야 한다. 그러나 이미 이야기했듯이 소행성의 위치는 정확히 명시하는 것이 힘들고, 소행성이 위치하게 될 특정 구역만을 명시할 수 있을 뿐이다. 그런데 이 구역은 관측 데이터가 부족할수록 더 넓어지게 되며, 구역이 넓을수록 지구가 그 구역에 위치할 확률도 더 커진다. 이 경우 소행성과의 충돌 확률은 0이 아니라, 최소한 원칙적으로는 지구와의 충돌이 가능한 것으로 나온다. 하지만 실제로는 계속적인 관측을 하다 보면 소행성이 위치할 수 있는 구역이 점점 더 줄어들고, 어느 순간 지구는 그 구역에서 벗어나게 된다.

우리는 새로 발견된 소행성과 그것이 지구와 충돌할 확률에 대한 보도를 간혹 대중적인 잡지나 신문 같은 것을 통해 접한다. 숫자들은 굉장히 흥분한 논조로 제시되며, 우주의 바윗덩어리들이 지닌 위험성이 강조되곤 한다. 하지만 우주의 거리는 확률처럼 직관적으로 평가하기가 힘들다. 그래서 천문학자들은 1999년에 '토리노 스케일Torino Scale'을 개발했다.[17] 토리노 스케일의 등급은 소행성이 지구와 충돌할 위험성의 척도를 0에서 10까지의 11단계로 나누어 표시한다.

17 미국의 리처드 빈젤Richard Binzel이 고안한 척도를 이탈리아 토리노에서 열린 국제천문연맹 회의에서 수정, 채택하여 토리노 스케일이라는 이름이 붙었다.

토리노 스케일이 말해주는 것

토리노 스케일은 순수 수학적 충돌 확률과 소행성의 크기로 결정된다. 지구를 스쳐 지나갈 것이 분명하기 때문에 어쨌든 지구와 충돌할 수 없는 것이거나, 너무 작아서 충돌해봤자 전혀 피해가 없을 것들은 '0등급(전혀 위험 없음)'으로 분류된다. 발견된 지 얼마 되지 않아 아직 궤도가 불명확해서 지구와 충돌 가능성을 완전히 배제할 수 없다고 생각되는 소행성의 경우는 어떨까? 그것들은 거의 '1등급(보통)'을 받는다. 토리노 스케일에는 다음과 같이 규정되어 있다. "통상적으로 새로 발견된 소행성이 지구와 충돌하지 않고 지나갈 것으로 보여 특별한 위험이 없다고 보이는 경우이다. 현재의 관측 결과 충돌 가능성이 극히 적은 것으로 나오며, 계속적인 관측이 이루어지면 0등급으로 확정될 확률이 아주 높다."

(천문학자들의 주의가 요망되는) 2, 3, 4등급에 속하는 소행성들은 더 자

세히 보아야 한다. 이런 등급을 받는 것들은 충돌 확률이 약 1퍼센트 정도 되는 것들이다. 이들의 경우도 기본적으로는 더 정확한 관측이 이루어지면 0등급으로 떨어질 것으로 전망된다. 하지만 이런 경우에는 다음과 같은 언급이 추가된다. "지구와의 만남이 10년 안쪽으로 이루어지는 경우, 공적 관심이 요망된다." 그러나 이런 등급의 소행성들에 대해서는 걱정할 필요가 없다. 공적 관심에 대해 언급하는 것은 천문학자들이 가능하면 새로운 관측을 많이 하고, 우주 망원경이나 우주 탐사선을 투입하여 소행성 궤도를 정확하게 규정할 것이 요망된다는 이야기일 따름이다. 천문학자들이 빠르게 반응할수록 경보 해제 신호도 더 빠르게 주어진다.

5, 6, 7등급에 속하는 소행성들은 훨씬 더 걱정스러운 것들이다. 이것들은 공식적으로 '위험한' 등급에 속한다. 이런 등급은 국지적으로 혹은 전 지구적으로 파괴를 초래할 만큼 규모가 크거나 충돌 가능성이 아주 높은 천체들에 해당된다. 이들의 경우 더 자세한 관측이 이루어진다고 해도 충돌 위험이 0등급으로 떨어지리라는 보장이 없다. 5, 6, 7등급에 대해서는 실제로 재앙이 일어나는 경우를 대비하여 국가적으로 혹은 국제적으로 '비상 계획'에 돌입할 필요성이 명시되어 있다.

나아가 천체가 토리노 스케일에서 8, 9, 10등급으로 분류된다면, 그것은 그야말로 패닉이 예고되는 단계다. 지구와 소행성이 충돌할 확률이 있는 정도가 아니라 충돌이 확정적이기 때문이다. 이런 소행성은 지구와 충돌을 앞두고 있으며, 계속적인 관측이 이루어져도 충돌이 확정적이라는 사실은 바뀌지 않는다. 그 충돌이 국지적local(8등급)일지 지역적

regional(9등급)일지, 아니면 전 지구적global(10등급)일지만 달라질 뿐이다.

아포피스가 온다

6500만 년 전 공룡의 멸종을 불러왔던 소행성은 토리노 스케일로 따지면 10등급으로 분류되었을 것이다. 퉁구스카 위에서 일어난 공중 폭발은 국지적인 파괴만을 일으켰으므로 8등급으로 분류되었을 것이다. 2013년 첼랴빈스크의 운석을 8등급 분류할지 0등급으로 분류할지는 기준을 정하기 나름이다. 천체의 일부가 정말로 지구에 떨어진 것을 생각하면 8등급에 집어넣을 수도 있고, 그 파편이 작았던 것을 생각하면 0등급으로 분류할 수도 있다.

그런데 이 소행성을 미리 발견했다 해도, 아무도 심각하게 걱정을 하지는 않았을 것이다. 또한 공중 폭발의 결과를 정확히 예측하기는 매우 어렵다. 정확한 예측을 위해서는 먼저 각각의 소행성이 무엇으로 구성되어 있는지를 정확하게 알아야 할 것이다. 가령 순수한 바윗덩어리(또는 드물게는 금속으로 된 소행성)는 지면에 훨씬 더 근접할 수 있다. 반면에 얼음과 암석이 혼합된 경우는 대기층을 만나면 훨씬 빠르게 분해되어 버린다.

토리노 스케일은 이런 자세한 것까지는 알려주지 못하지만, 위험을 예상하고 조망하는 것은 가능하게 해준다. 다양한 기관에서 위험 가능성이 있는 소행성들에 정기적으로 등급을 매긴다. 알려진 모든 천체에 대한 토리노 스케일 값은 인터넷을 통해서도 확인할 수 있다.[18] 따라서 어딘가에서 어떤 소행성이 위험하다는 기사를 보게 된다면, 천문학자들의 데이터뱅크를 한번 확인할 필요가 있다. 언론에 보도된 소행성은 대부분의 경우 토리노 스케일로는 0등급 혹은 1등급이다. 토리노 스케일이 채택된 이후 최고 등급으로 분류되었던 천체는 4등급을 받았던 아포피스였다.

이집트의 검은 뱀 아포피스는 이집트 신화의 최고신인 태양신 라의 숙적으로 혼돈과 암흑을 상징한다.[19] 2004년 12월 23일, 학자들 역시 관측 결과들을 보면서 혼돈과 암흑을 떠올려야 했다. 375미터 크기의 소행성 아포피스는 2004년 6월 19일에 발견되었는데, 첫 관측 데이터로는 궤도가 제대로 결정되지 않았다.

그러나 2004년 12월 21일 아포피스는 1440만 킬로미터의 거리를 두고 지구 곁을 스쳐 지나갔고, 학자들은 그 기회를 통해 새로운 데이터를 수집할 수 있었다. 이어 12월 24일에는 더 개선된 궤도 데이터들을 분석하였고, 그 결과 상황은 상당히 심각한 것으로 드러났다. 즉 2019년 4월 13일 아포피스는 지구에 아주 가까이 근접해올 것이며 충돌 가능성은 약 0.4퍼센트라는 내용이었다.

크리스마스 직전이었음에도 많은 천문학자들(직업적 천문학자들뿐 아

• • •

18 미국항공우주국의 리스크 테이블(http://neo.jpl.nasa.gov) 또는 유럽우주국이 후원하는 NEODyS-Projekts의 리스크 페이지(http://newton.dm.unipi.it/neodys)에서 확인할 수 있다.

19 아포피스는 사이언스 픽션 시리즈 《스타게이트Stargate》에 나오는 '시스템로드'라는 악당 중 하나의 이름이기도 하다.

니라 아마추어 천문학자들까지)은 아포피스에 대한 더 많은 관측 데이터를 얻기 위해 팔을 걷어붙였다. 그리고 그들은 이런 경우에 늘 일어나는 일이 일어나리라고 예상했다. 즉 관측 데이터를 많이 수집할수록 충돌 확률이 더 낮아지다가, 급기야는 0에 이를 것이라고 말이다.

하지만 12월 23일 오후에 학자들은 새로운 데이터를 근거로 충돌 확률을 1.6퍼센트로 올려야 했고, 토리노 스케일은 4등급으로 격상시켜야 했다. 새로운 관측이 이루어질수록, 결과는 더 나빠질 것으로 보였다. 12월 25일에는 충돌 확률이 2.4퍼센트로 올라갔고, 12월 27일에는 총 176개의 관측들을 분석한 결과 충돌 확률이 다시 한 번 수정되어야 했다. 충돌 확률은 이제 2.7퍼센트에 이르렀다.

점점 불안감이 증폭되는 상황이었다. 물론 지구가 375미터 직경의 천체와 충돌한다고 해서 멸망하지는 않을 것이었다. 그 정도로 인간이 공룡과 같은 운명을 맞이할 것이라고 생각하는 사람도 없었을 것이다. 하지만 그런 강도의 충돌은 750메가톤급 TNT의 위력에 맞먹어서 히로시마에 투하된 원자폭탄의 5만 배에 이를 것으로 예상된 것은 사실이었다.

아포피스가 만들어낼 크레이터는 4킬로미터가 넘을 것이고, 200킬로미터가 넘는 반경이 완전히 초토화될 것이다. 또한 해양에 떨어지면 파고가 100미터에 달하는 어마어마한 쓰나미가 생겨나리라고 예상되었다. 아포피스의 크기가 전 지구적인 대량 멸종을 불러올 만큼의 먼지 구름을 일으킬 정도는 되지 않으므로 파괴는 충돌 지역에 국한되겠지만, 그래도 이 정도 규모의 충돌은 인류 역사상 가장 큰 자연 재해 중 하나로 기록될 터였다.

충돌은 언제 일어나는가

12월 27일 오후, 학자들은 다행히 아포피스를 공식적으로 발견하기 전에 아포피스가 관측된 사진들을 발견했다. 이러한 '프리커버리즈 precoveries'[20]는 그리 드물지 않다. 천문 관측 사진에서 모든 빛의 점을 일일이 확인하는 것은 불가능하기 때문이다. 천문학자들은 대부분 특정한 천체에만 관심을 가지며, 다른 빛의 점들은 무시해버리는 경향이 있다. 그러나 새로운 소행성이 발견되면 과거의 궤도를 추정할 수 있고, 과거 그 소행성이 위치했던 지역을 관측해놓은 사진이 있지는 않은지 찾아볼 수 있다. 그리고 운이 좀 따라준다면 어딘가에 찍힌 소행성의 모습을 발견해내고, 그런 자료들을 활용하여 궤도를 더 정확하게 결정할 수도 있다.

천문학자들은 이런 과거의 데이터를 새로이 확보하여 아포피스의 궤도를 정확히 결정할 수 있었고, 2029년 지구와 충돌할 위험은 없다는 결론을 내렸다. 그러나 2036년 아포피스가 지구에 아주 가까이 근접하여 충돌할 가능성은 여전히 조금 남아 있다고 밝혔다. 2029년에 충돌할

20 발견이라는 뜻의 'discoveries'라는 단어에서 'dis'를 이전이라는 뜻을 지니는 'pre'로 대치한 단어다. – 옮긴이

위험은 0등급이지만 2036년에는 1등급이 되는 것으로 매겨졌다. 충돌 가능성은 미미하긴 하지만 존재한다는 것이었다.

하지만 그 뒤 지속적인 연구가 진행되었고, 마침내 2013년에 이르러 유럽 우주 망원경 허셜로 관측한 결과 아포피스와 지구가 충돌할 위험성은 없다는 것이 명백하게 입증되었다. 21세기에 아포피스는 지구와 충돌하지 않을 것이 확실하다는 것이었다. 연구에 따르면 2029년 아포피스는 약 3만 1000킬로미터의 거리를 두고 지구를 스쳐갈 것이다. 그리하여 이 사건은 전혀 우리 인류에게 위험이 되지는 않고 다만 육안으로 소행성을 볼 수 있는 전례 없는 기회를 허락하는 것으로 마무리되었다.[21]

그렇다. 아포피스는 지구와 충돌하지 않을 것이다. 그러나 언젠가는 다른 많은 암석 덩어리 중의 하나가 우리 지구와 충돌하게 될 것이다. 문제는 그 일이 일어나는가가 아니라 언제 일어나는가 하는 것이다. 우리가 그 사실을 제때 알아서 대비할 수 있을지는 알 수 없다. 그리고 충돌을 막기 위해 과연 어떤 적절한 조치를 취할 수 있을지에 대해서도 아직 잘 모른다.

희망적인 사실은 우리가 소행성으로부터 스스로를 지켜내기 위해 뭔가를 할 수 있다는 것이다. 우주 비행 산업의 발전에 좀 더 박차를 가하면 된다. 우주로부터의 폭격에 뭔가 대처를 하고자 한다면 우리는 지구

21 아포피스는 겉보기 밝기가 3등급으로 전형적인 항성처럼 밝게 빛난다. 그러나 아주 가까이 다가온다 해도 육안으로 보면 빛의 점 이상으로는 보이지 않는다.

에 가만히 앉아만 있어서는 안 된다. 소행성뿐 아니라, 지구상의 삶을 참으로 힘들게 만드는 몇몇 다른 위험들도 저 밖에서 우리를 기다리고 있기 때문이다.

Part I 태양계와 우주

3장

불쾌한 우주

태양계와 우주는 한번 작동하면 언제나 정확하고 규칙적으로 돌아가는 시계가 아니다. 그 무엇도 천체들이 예상 밖으로 운동하는 것을 막지 못한다. 지구 역시 끊임없이 변화하며 움직이고 있다. 기후변화, 대륙이동, 화산 폭발 등이 우리의 미래를 위협하고 있는 것이다. 뿐만 아니라 먼 우주의 초신성 폭발도 우리에게 재앙이 될 수 있다. 장기적인 시각에서 볼 때 지구는 인간에게 결코 안전한 장소가 아니다.

하늘에서는 무슨 일이 일어나고 있는가

소행성과 혜성은 위험하다. 비록 우리가 일상 속에서 늘 고려해야 하는 위험에 속하지는 않지만, 과거에도 우주 충돌은 계속해서 지구상에 영향을 미쳐왔고 지구상 생물들의 운명을 결정해왔다. 그러므로 장기적인 시각에서 인류의 미래를 본다면 우주로부터 오는 위험들도 고려해야 한다. 소행성이 어느 날 우리에게 실제로 다가온다면 우리도 뭔가 조치를 취해야 할 텐데, 과연 어떻게 방어할 수 있을까? 그 방법을 살펴보기 전에 우선 우주에서 또 어떤 위험들이 지구에 영향을 미칠 수 있는지를 잠시 훑어보기로 하자.

우주에는 소행성 같은 직접적인 위험들뿐만 아니라 지구에 훨씬 더 미묘한 영향을 미치는 위험들도 있다. 태양계의 다른 행성들이 지구의 운동에 방해를 초래해서 우리의 기후에 영향을 미치기도 한다. 그런 것들은 앞으로도 별로 유쾌하지 않은 영향을 미칠 수 있을 것이다.

우리는 오랜 세월 지구가 특별히 인류를 위해 만들어졌다고 믿었다. 인간들은 창조의 꽃으로 지구의 만물을 다스릴 임무가 있으며, 지구는 '우리의' 행성이며 우리의 수하에 있다고 믿었다. 또 우리가 신을 경외하고 선하게 살면 창조주는 세상을 살 만한 장소로 만들어주시며, 언젠가 세상이 멸망한다 해도 우리는 그 뒤에 낙원에 이르게 된다고 생각했다.

여기서 잠시 우주가 예비하고 있는 불쾌한 일들을 이해하기 위해 과거로 여행을 해보자. 17세기 초 현대 과학의 선구자들은 지구가 우주에서 특별한 위치에 있지 않다는 것을 알아냈다. 갈릴레오 갈릴레이, 요하네스 케플러, 아이작 뉴턴은 지구가 다른 행성들과 더불어 태양 주위를 돌고 있는 평범한 행성에 지나지 않는다는 것을 밝혀냈다. 이들의 연구는 또한 우리가 이런 우주를 '이해할 수 있다는 것'을 보여주었고, 우주와 지구상에서 일어나는 현상을 계산하고 예측하게 하는 토대를 마련했다.

그 뒤 찰스 라이엘과 같은 지질학자들이나 찰스 다윈 같은 생물학자들은 우리 인간들이 지내온 세월보다 세계가 훨씬 더 오래되었으며, 인간들은 처음부터 세계에 있었던 것이 아니라 지난 20만 년 전부터 비로소 현생 인류로 진화해왔음을 밝혀냈다. 지구는 엄청나게 오래전에 생겨났고 지구가 보낸 세월 중 대부분의 시간 동안 인간은 존재하지 않았다는 얘기였다. 즉 지구는 특별히 인간을 위해 만들어진 게 아니라는 것이었다. 또한 지구에 대해 더 많은 것을 알아낼수록 지구는 결국 우리의 아늑한 보금자리가 아니라는 사실이 드러나게 될 것으로 보였다.

가령 기후 문제만 해도 그렇다. 지질학자들은 지표면이 세월이 흐르면서 많은 변화를 거쳤다는 암시들을 일찌감치 발견했다. 산봉우리에서 바다 생물들의 화석이 발견되기도 했다. 지금의 육지가 예전에는 바다였고, 예전의 바다가 육지였다는 의미였다. 남극의 영원한 얼음 속에서 나무 화석들이 발견되었고, 오늘날 유럽의 초록 들판이 있는 곳이 예전에는 두꺼운 얼음으로 덮여 있었던 것으로 밝혀졌다. 지질학자들이 돌을 뒤집어볼 때마다 세상이 끊임없이 변해왔음을 보여주는 흔적들도 드러났다.

데이터만 있으면 불확실한 것은 없다?

오늘날 우리는 지구의 과거에 대해 꽤 잘 알고 있다. 또한 지구가 앞으로 상당히 불쾌한 곳이 될 수 있다는 것도 잘 알고 있다. 불과 1만 년 전에는 극지방의 얼음이 오늘날 독일이 있는 곳까지 미쳤고 지구의 대부분이 얼음으로 뒤덮여 있었다. 지구상에서 빙하기는 거듭 반복되었다. 지질학적으로 정확히 말하자면 우리는 오늘날 빙하기 사이 불과 몇만 년간 온난해진 시기에 살고 있다.

우리의 행성이 너무 춥지 않을 때는 또 지나치게 더워진다. 우리 인간에게 책임이 있는 오늘날의 지구 온난화 현상이 없더라도 말이다. 인간이 없어도 지구상의 기후는 늘 다시금 더워지곤 한다. 원인이 무엇이든간에 그런 변화는 우리에게 불편한 것이다. 지구에서 얼음이 녹으면 해수면이 상승하고 해안 지역이 물에 잠긴다. 높은 온도는 생태계를 변화시킨다. 지구의 역사에서 대량 멸종 사건이 되풀이되었던 것은 그런 기후 변동 때문이었을 것으로 추정된다.

지구상의 조건이 자꾸만 그렇게 변화하는 이유를 제대로 이해하기 전에 학자들은 우선 우리의 태양계가 어떻게 돌아가는지를 알아야 했다. 고대나 중세에 사람들은 하늘을 관찰하면서 천체의 움직임을 기록했다. 거기서 일정한 패턴과 주기도 알아낼 수 있었으며, 어느 정도 행성의 움직임을 예측할 수도 있었다. 그러나 하늘에서 무슨 일이 일어나고 있는지 제대로 아는 사람은 아무도 없었다.

천체 운동에 대한 구체적인 규칙을 제시한 최초의 학자는 1609년 《신천문학Astronomia Nova》이라는 혁명적인 저작물을 발표한 요하네스 케플러였다. 케플러는 자신의 스승이자 덴마크 천문학자인 티코 브라헤가 남긴 관측 자료들을 수년간 분석한 뒤 오늘날 우리에게 케플러 법칙이라 알려진 세 가지 법칙을 발견했다.

제1법칙은 그때까지 많은 사람들이 생각한 바와 같이 모든 행성은 원궤도로 태양 주위를 도는 것이 아니라, 타원 궤도로 돌고 있다는 것이다. 궤도가 원이 아니라 타원으로 길쭉하다면, 행성과 태양 사이의 거리도 당연히 일정하지 않다는 이야기다. 곧 천체가 자신의 궤도에서 한 번은 태양계 가까이 근접하고 한 번은 태양계에서 멀리 떨어지게 된다는 소리다. 제2법칙은 행성이 태양에 가까이 있을수록 더 빠르게 운동한다고 이야기한다. 이 역시 오래전에 관측되었던 것이지만, 정확하게 정리되어 있지는 않았던 특성이다. 한편 제3법칙은 공전궤도가 클수록 행성이 한 바퀴 공전하는 데 시간이 더 오래 걸린다는 것, 즉 공전주기도 커진다는 것이다.

케플러는 이 세 가지 법칙으로 천체 운동의 원인은 찾아내지 못했지만, 태양계에서 일어나는 현상을 최소한 수학적으로 기술해낼 수는 있었다. 몇십 년 뒤, 위대한 아이작 뉴턴은 다음 단계로 나아갔다. 뉴턴은 행성이건 포탄이건 사과건 상관없이 모든 물체 사이의 힘을 기술할 수 있는 수학적 연관을 발견했다. 물체들로 하여금 땅으로 떨어질 수밖에 없도록 하는 중력 같은 것이 있다는 것은 당시에 이미 알려져 있었다. 그러나 뉴턴은 이런 중력을 계산할 수 있음을 보여주었다. 나아가 같은 힘이 행성들 사이에서도 작용하고, 또 행성들로 하여금 자신의 궤도를 돌게 한다는 것을 증명해냈다. 뉴턴의 중력 법칙, 케플러 법칙 등을 통해 천체의 운동은 이제 완전히 규명된 것처럼 보였다.

아이작 뉴턴의 공식으로 언제든지 태양과 행성들 사이에 중력이 얼마만큼 작용하고, 이런 힘이 어떻게 천체의 궤도에 영향을 끼치는지를 규정할 수 있게 되었다. 그리하여 태양계는 행성들이 정확히 자신의 궤도를 도는, 섬세하게 조율된 시계 장치처럼 여겨지기 시작했다. 우주는 더 이상 신적인 자의에 따라 좌지우지되는 것이 아니라, 인간이 완전히 파악할 수 있는 것이 되었다. 1814년 유명한 수학자이자 천문학자 피에르 시몽 라플라스Pierre-Simon Laplace는 충분한 데이터가 있기만 하면 원칙적으로 '모든 것'을 알 수 있다는 의미에서 다음과 같이 말했다.

"임의의 순간 세상에 부여된 모든 힘과 세상을 이루는 구성물들의 현 상태를 알고 이런 지식을 분석할 수 있을 만한 지성이 있다면, 그 지성은 가장 거대한 천체들과 가장 가벼운 원자의 운동을 하나의 공식으로

파악할 수 있을 것이다. 그런 지성에게는 이제 불확실한 것은 없어지며, 과거와 미래가 눈앞에 훤히 펼쳐질 것이다."

특정 시점에 태양계 모든 천체의 위치와 속도를 안다면, 기존에 알려진 자연법칙을 활용하여 임의의 미래 시점에 대한 천체의 위치와 속도를 예측할 수 있으리라는 얘기였다. 이렇게 라플라스는 불확실성이 배제된 '세계 공식'을 상정했다.

카오스의 발견

지구가 자연법칙에 의해 미리 결정된 한결같은 궤도로 태양을 도는 세계에서는 지구의 운동이 기후에 모종의 영향을 끼칠 수 있다고 볼 이유가 없었다. 그러나 오래지 않아 모든 것이 완전히 결정되어 있는 라플라스의 우주상은 옳지 않다는 것이 드러났다. 18세기 말 카오스는 과학으로 입장했고, 학자들은 카오스가 아주 보편적인 것임을 배우기 시작했다. 무엇보다 그런 카오스가 때때로 지구를 인간들이 살아가기 힘든 장소로 만든다는 것도 알게 됐다.

태양계는 시계 장치가 아니다

모든 것은 예상치 못한 곳에서 시작되었다. 1889년 1월 21일, 스웨

덴 국왕 오스카르 2세가 60세 생일을 맞았다. 오늘날에는 주로 대중 언론들이 국왕의 기념일을 챙기지만, 당시는 학술 전문지가 그 역할을 했다. 오스카르 왕은 생일을 맞이하여 당시 아직 풀리지 않은 몇몇 중요한 수학적 문제들을 해결하는 학자에게 적잖은 상금을 하사하겠다고 했다. 상금이 걸린 수학 문제 중 하나는 천문학에 관한 것이었다.

19세기 말 학자들은 뉴턴의 자연법칙이 정말로 우주에서 일어나는 모든 것을 기술할 수 있다고 확신했다. 그럼에도 불구하고 그 누구도 이런 법칙을 응용하지 못했다. 중력이 태양계의 행성 운동을 규정한다는 것을 알고 있었고 이런 운동을 표현하는 수학 방정식도 있었지만, 아무도 이 방정식을 풀지는 못했다. 행성 운동의 수학은 매우 복잡했다. 따라서 이 방정식을 가장 처음 해결하는 사람에게 상금이 돌아가기로 정해졌다.

사람들은 이 방정식을 해결하면 최소한 우리의 태양계에 대해서는 라플라스가 상상했던 일이 실현될 것이라고 생각했다. 그 방정식의 풀이가 미래의 어느 시점에 행성이 어느 위치에 있을지를 알려줄 것이며, 그 결과 우리의 태양계가 앞으로 어떻게 될지를 정확히 예언할 수 있으리라고 생각했던 것이다.

초기에는 정말로 그것이 가능할 것처럼 보였다. 프랑스의 수학자 앙리 푸앵카레Henri Poincare는 158페이지에 이르는 원고에서 뉴턴의 방정식을 풀 수 있음을 증명했다. 그러나 상이 수여되기 전 거쳐야 하는 검열 과정에서 걸출한 수학자들이 푸앵카레의 계산을 상세히 검토한 결과, 몇몇 작은 오류들을 잡아냈다. 푸앵카레는 그것을 재빨리 수정했고, 결국 수상자로 뽑혔다. 그런데 그의 논문이 인쇄되어 공적으로 발표되기 직전, 푸앵카레의 논문이 실릴 수학 전문지 〈악타 마테마티카Acta Matematica〉의 발행인은 다시금 몇 가지 의문점을 발견해냈다. 그는 푸앵카레에게 의문점들을 해명해줄 것을 요청했다.

푸앵카레는 이번에는 그것이 작은 실수들이 아니라는 것을 깨달았다. 그리고 자신이 중대한 오류를 범했음을 고백해야 했다. 그는 방정식을 '풀' 수 없었던 것이다. 그뿐만이 아니었다. 다시금 방정식의 해解를 찾으려는 과정에서 푸앵카레는 이 방정식이 결코 풀릴 수 없는 성질의 것임을 알게 됐다. 방정식을 푸는 것은 수학적으로 불가능했다. 우주를 절대적으로 계산 가능한 것으로 보았던 라플라스의 우주상은 잘못된 것이었다. 태양계는 한번 작동되면 언제나 정확하고 규칙적으로 돌아가는 시계 장치가 아니었다. 임의의 시간에 대한 행성궤도는 예측할 수 없는 것이었다. 결과적으로 앙리 푸앵카레는 카오스를 발견했다(이 공로로 왕이 내건 상금을 받았다). 그리하여 많은 시스템들은 너무 복잡해서 미래를 정확히 예언할 수 없음을 밝혀냈다.

복잡한 시스템을 기술하는 방정식을 세우는 것은 가능하다. 그러나 태양계의 모든 행성은 그의 중력으로 말미암아 다른 행성의 위치에 영향을 미치고, 중력의 강도는 다시금 행성들의 위치에 따라 결정된다. 힘들의 복잡한 상호작용은 풀어낼 수가 없는 것이었다.

그 무엇도 태양계에서 행성들이 예상 밖으로 운동하는 것을 막지 못하며 그 어떤 자연법칙도 행성들이 어느 순간 서로 충돌하는 것을 막지 못한다. 사람들은 운동 방정식의 풀이를 통해 태양계가 영원히 안정되어 있음을 확인할 수 있기를 바랐다. 하지만 이제 행성궤도의 안정성에 대한 질문은 열려 있는 것으로 드러났고, 우리의 지구는 더 이상 영원히 안정된 장소가 아닌 것으로 밝혀졌다. 푸앵카레와 그의 후배 수학자들 및 천문학자들은 우리의 태양계가 거의 안정된 상태에 있고 비록 다음 몇백만 년 사이에 파국을 맞게 되지는 않겠지만, 먼 미래에는 모든 것이 가능하다는 것을 보여주었다.

한편 많은 학자들이 지구가 장차 다른 행성과 충돌할지에 대해 생각하기 훨씬 전에, 어떤 학자는 지구의 운동이 인간의 생활 조건에 어떤 영향을 미치는지를 밝혀냈다. 다음 장에서는 그 이야기를 해보려 한다.

무엇이 지구의 기후변화에 영향을 미치는가

밀루틴 밀란코비치Milutin Milankovic는 1879년에 일곱 아이 중 장남으로 태어났다. 1896년에 빈에서 지하 공사에 대한 공학을 공부하기 시작했고 콘크리트의 성질에 대해 연구한 그는 이후 제방, 다리 등을 건설하는 대규모 건설 회사에서 일하면서 콘크리트로 보강한 기둥과 물탱크의 이상적인 형태에 대해 논문을 썼다. 이때까지만 해도 그에게 어떤 천문학적으로 선구적인 인식을 기대할 수 있을 것 같지는 않았다. 그러나 그는 1909년 베오그라드대학교 응용수학과 교수가 되었고 이후 기후학에 관심을 가지기 시작했다.

밀란코비치는 지구에 늘 도래하곤 하는 빙하기가 어떻게 생겨나는지에 대해 관심을 가졌다. 그 이전에도 학자들은 천문학적인 현상이 지구의 기후변화에 영향을 미칠 것이라는 생각을 했었다. 그러나 어떤 영향을 미치는지에 대한 구체적인 수학적 모델은 없었다. 밀란코비치는 기상학, 지질학, 천문학과 관련된 여러 자료들을 수학적 방법으로 연관시키는 작업에 착수했다. 그리고 지표면에 도달하는 태양 광선의 양이 시간에 따라 어떻게 변화하는지, 그리고 그것이 기후에 어떤 영향을 미치는지를 계산하고자 했다. 이 계산을 위해 그는 태양을 공전하는 지구의 운동에 천착했고, 무엇보다 다른 행성들이 행사하는 중력의 방해로 말미암아 세월이 흐르면서 지구궤도가 어떻게 변화했는지를 연구했다.

10만 년 주기로 변하는 이심률

지표면에 도달하는 태양 광선의 양을 좌우하는 결정적인 요인은 물론 지구와 태양 사이의 거리다. 태양으로부터의 거리가 더 멀수록, 지표면에 도달하는 햇빛은 더 약할 수밖에 없다. 현재 지구의 공전궤도는 거의 원형이다. 태양과 가장 가까워지는 근일점perihelion(태양 주변을 도는 천체가 태양과 가장 가까워지는 지점)에서 지구와 태양과의 거리는 약 1억 4710만 킬로미터이며, 지구가 태양과 가장 멀어지는 지점, 즉 원일점aphelion에서는 그 거리가 1억 5210만 킬로미터이다. 500만 킬로미터의 차이가 나는 것이다. 이런 차이는 우리의 기준으로 생각할 때는 꽤나 거대하지만, 우주적 잣대로 보면 굉장히 작다고 할 수 있다.

천문학에서는 행성궤도가 완벽한 원으로부터 벗어나는 정도를 숫자로 표시하는데, 그것을 이심률eccentricity이라고 한다. 공전궤도가 완벽하게 원형인 경우 이심률은 0이다. 궤도가 길쭉하게 타원형을 이룰수록 이심률은 커지는데, 이때 도달할 수 있는 최대치가 1이다(이심률이 1인 경우는 천체가 별 주위를 더 이상 공전할 수가 없을 것이다). 우리 태양계의 행성 중에서는 수성궤도가 가장 이심률이 커서 0.2에 달한다. 이것은 수성의 근일점과 원일점이 평균값에서 약 20퍼센트 정도 벗어난다는 소리다. 지구의 경우 이 값이 약 1.67퍼센트이고, 이심률은 약 0.0167이다.

그러나 지구의 이심률이 지금 상태로 계속 유지되어 왔다고 앞으로도 그렇게 유지되리라는 법은 없다. 앙리 푸앵카레는 행성의 공전궤도가 원칙적으로 시간이 흐르면서 임의로 변할 수 있음을 보여주었다. 현재 지구는 이심률이 점점 작아져서 궤도가 지금까지보다 더 원형이 되는 시기에 있다. 그러나 지구의 이심률은 더 커질 수 있고 최대 0.06에 이를 수도 있다. 밀란코비치는 지구 공전궤도의 이심률이 다른 행성들의 방해로 약 10만 년을 주기로 변한다는 것을 발견했다. 10만 년을 주기로 지구궤도는 원형에 가까워졌다가, 타원형에 가까워졌다가 하는 것이다.

지구의 이심률이 커지면 계절적 변동도 커진다. 밀란코비치는 이심률 변화의 주기가 기후변화와 관련이 있을 수 있다고 보았다. 그러나 이심률이 커졌다 작아졌다 하는 지구의 궤도뿐 아니라, 커졌다 작아졌다 하는 자전축의 기울기도 기후변화의 중요한 요소다. 지구의 자전축은 공전궤도와 정확히 수직을 이루고 있지 않다. 현재 지구의 자전축은 수직에 대해 약 23.4도 기울어져 있다. 계절이 생기는 것은 바로 이런 기울기 때문이다.

자전축의 기울기로 인해 지구가 태양을 공전하는 동안에 늘 지구의 한쪽 반구가 태양 광선을 더 직접적으로 받게 되고, 다른 쪽 반구는 태양 광선이 비껴가게 된다. 태양 쪽을 향하는 반구에는 태양 광선이 더 수직에 가깝게 들어와서 지표면에 더 많은 에너지가 전달되며 낮이 길어진다. 이때 이 지역은 여름이 되며 다른 반구는 겨울이 된다. 반년이 지나면 상황은 반대가 되고, 전에 여름이었던 반구는 겨울을 맞이한다.

지구의 자전축이 기울어지지 않았다면 계절도 없었을 것이다. 계절의 변화는 자전축이 더 많이 기울어져 있을수록 더 심해진다. 지구의 자전축이 더 많이 기울어진다면, 겨울은 지금보다 더 추워지고 여름은 더 더워질 것이다. 반대로 자전축이 수직에 가까워지면, 계절 간의 차이가 별로 나지 않게 될 것이다. 밀란코비치는 태양계의 다른 행성들의 중력으로 말미암아 자전축의 기울기가 약 4만 1000년을 주기로 22.1도에서 24.5도 사이로 왔다 갔다 한다는 계산을 내놓았고, 이런 주기 역시 기후 변동의 원인이 될 수 있다고 보았다.

자전축 방향이 변화하는 이유

지구 자전축의 기울기만 변하는 것은 아니다. 세월이 흐르면서 자전축이 가리키는 방향 또한 달라진다. 현재 자전축의 북쪽 끝은 상당히 정확하게 북극성을 가리킨다. 그래서 북극성은 북쪽이 어디인지를 알아내는 데 활용되기도 한다. 그러나 몇천 년 전에는 북극성이 북쪽을 알려주는 길잡이가 되지 못했다. 기원전 3세기 사람들은 용자리의 알파별 투반을 기준으로 삼아 북쪽을 분별했다. 앞으로 약 1만 년이 지나면 지구의 자전축은 거문고자리의 알파별 베가를 가리키게 될 것이다.

자전축 방향이 변화하는 것은 다른 행성들 때문이기도 하지만, 지구 자체에 그 원인이 있기도 하다. 지구는 완전한 구형이 아니고, 회전 원심력으로 인해 적도 부분이 약간 더 두툼하다. 이렇게 적도 부분이 불룩하다 보니 달과 태양의 중력도 지구의 다른 부분보다 이 부분에서 더 강하게 작용한다. 그래서 이런 힘이 지구의 자전축을 약간 비틀거리게 만들며, 약 2만 6000년 주기로 지구의 자전축은 한 바퀴 빙 돌아(이를 세차운동이라 일컫는다) 다시 전과 같은 방향을 가리킨다. 자전축이 가리키는 방향은 계절의 진행 자체에는 별 영향을 미치지 못한다. 그러나 지구가 공전을 하는 중에 어느 시점에 어느 계절이 시작될지에는 영향을 미친다. 현재 지구는 매년 1월 근일점에 도달한다. 북반구가 한겨울에 있을 때다. 현재는 어느 시점에 근일점에 도달하는가는 별로 중요하지 않다. 궤도가 거의 원형이라 지구가 1년 내내 태양으로부터 비슷한 거리에 있기 때문이다. 이런 상황은 변할 수도 있다. 밀란코비치는 지구의 운동이 기후에 어떤 영향을 미치는지 제대로 이해하기 위해서는 이 모든 주기를 고려해야 한다는 것을 알았으니 말이다.

지구가 태양에 가장 가까이 접근할 때 북반구는 한겨울이다. 그리고 지구가 태양에서 가장 멀어질 때는 한여름이다. 그러나 1만 1000년 정도 후에는 자전축이 가리키는 방향이 달라질 것이다. 그러면 지구가 태양에서 가장 멀리 떨어져 있을 때 북반구는 겨울을 맞을 것이며 가장 가까운 거리에 있을 때 여름이 된다. 이것은 계절의 변화를 더 뚜렷하게 만들어, 겨울은 더 춥고 더 길어질 것이다.

지구궤도의 이심률이 지금보다 더 커지면 계절이 지속되는 기간도 변화한다. 행성 운동에 대한 케플러의 제2법칙은 행성이 태양에서 멀리 있을수록 더 느리게 운동한다고 이야기한다. 원형인 궤도에서는 행성의 운동 속도가 늘 일정하지만, 이심률이 큰 궤도에서는 행성이 태양 가까이 있을 때보다 태양에서 멀리 있는 상태에서 더 많은 시간을 보내게 된다. 현재는 계절이 지속되는 기간의 차이가 별로 크지 않다. 2014년 가을이 시작된 뒤 2015년 봄이 시작되기까지는 약 178일이 걸렸다. 2015년 봄이 시작된 뒤 2015년 가을이 시작되기 전까지 걸린 시간은 187일이었다. 가을, 겨울의 반년은 봄, 여름의 기간과 약 1주일 남짓밖에 차이가 나지 않았다. 그러나 과거에 지구궤도의 이심률이 더 컸을 때는 이 차이도 훨씬 컸다.

실제의 기후 상태는 다양한 주기들이 어떻게 맞물리는가에 따라 좌우된다. 가령 지구궤도의 이심률이 아주 커지는 동시에 지구가 태양에서 먼 거리에 있을 때 겨울이 오게 되면, 겨울이 훨씬 더 추워지고 더 길어진다. 게다가 지구 자전축의 기울기까지 변하여 대양에 더 많은 태양 광선이 쪼이고 그 결과 더 많은 물이 증발한다면, 극지방에는 더 많은 눈이 내리고 빙하는 어마어마하게 불어날 수 있다. 그렇게 되면 지구에는 빙하기가 시작되고, 빙하기는 지구의 궤도가 상당히 변해야 비로소 끝난다.

1920년대에 밀루틴 밀란코비치는 지구의 기후에 미치는 다양한 천문학적 영향과 관련된 방대한 수학적 모델을 개발했고, 계산 결과들을 지질학적 관찰과 연결시키고자 했다. 밀란코비치는 이런 천문학적 주기들로 지구의 기후변화를 설명할 수 있다고 보았다. 오늘날 우리는 이런 밀란코비치 주기들이 지구의 기후에 중요한 역할을 하기는 하지만, 모든 변화가 이런 주기들 때문에 일어나는 것은 아니라는 사실을 알고 있다. 지구 스스로도 변화에 약간의 기여를 해왔다는 점을 알게 된 것이다.

대륙은 춤을 춘다

1930년대 밀란코비치의 연구 결과에 관심을 가진 학자들 중 독일의 기상학자 블라디미르 쾨펜Wladimir Peter Köppen과 그의 사위 알프레드 베게너Alfred Wegener는 밀란코비치를 국제적으로 유명하게 만들었다. 그리고 베게너 자신도 유명해졌다. 그는 오늘날 기상학이나 기후학과 관련된 연구보다는 대륙 이동설을 발표한 학자로 기억되고 있다.

학자들은 이미 오래전에 지구상의 어떤 지역들은 수직으로 움직일 수 있다는 것을 알고 있었다. 높은 산 위에서 바다 생물 화석들이 발견되기도 했고, 다양한 지질학적 흔적들은 오늘날 육지인 많은 지역들이 한때는 바다였음을 암시했다. 학자들은 대륙이 바닷속으로 가라앉을 수도 있고 다시 떠오를 수도 있다고 보았다. 그런 가라앉은 '육지 다리'가 서로 다른 대륙에 동식물계가 비슷하게 나타나는 현상을 설명해줄 수 있다고 생각했다.

생물학자들과 식물학자들은 19세기에 이미 지구상 도처에서 서로 멀리 떨어져 있는 지역들에 유사한 동식물들이 서식한다는 사실을 발견했다. 이는 예전에 대륙들이 어떤 방식으로든 접촉이나 교류가 있었다는 것을 보여준다. 가령 영국의 동물학자 필립 스클레이터Philip Lutley Sclater는 동아프리카뿐 아니라 인도에서도 여우원숭이(레무르Lemur)가 서식하고 있음을 발견했다. 아프리카와 아시아 대륙 사이를 대양이 가로막고 있는데 어떻게 이 작은 원숭이가 이 두 대륙에 동시에 서식할 수 있을까? 이상한 일이 아닐 수 없었다. 그리하여 스클레이터는 이 두 대륙이 지금은 대양에 가라앉은 다른 대륙으로 연결되어 있었다고 가정했고, 수몰된 대륙을 '레무리아'라고 불렀다. 레무리아 대륙이 아프리카와 아시아를 연결하는 육지 다리가 되어 동물들이 확산될 수 있었고, 나중에 이 대륙은 수몰되었다고 본 것이다.

그러나 유사한 생물들은 다른 모든 대륙에서도 발견되었고, 학자들은 이런 관찰을 설명할 수 있기 위해 지금은 모두 수몰되었지만 또 다른 육지 다리들이 있었을 것이라고 가정했다. 당시 자연을 연구하는 학자들의 대다수는 '대륙 고정설(생물 불변설, 생물 고정론, 비진화론)'을 믿었다. 지구가 예전에도 오늘날과 똑같은 구조를 가지고 있었고, 대륙과 대양은 역사를 거치면서 변화되지 않았다는 것이 대륙 고정설의 내용이었다. 학자들은 옛날에는 지구가 오늘날보다 훨씬 뜨거웠으며 그 지구가 식으면서 서서히 땅덩어리가 더 작아졌다고 보았다. 그리고 이런 축소 과정은 중간중간 비약적으로 진행되는 바람에 산맥이 형성되고, 계속하여 지진이 유발되었다고 생각했다.

대륙은 어떻게 움직이고 왜 움직이는가

17세기에도 이미 대륙이 고정되어 있지 않고 저절로 움직인다고 보는 비주류 학자들이 있었다. 이런 학자들은 무엇보다 남아메리카의 동쪽 해안선과 서아프리카의 서쪽 해안선이 서로 합쳐놓으면 맞물릴 수 있는 모양이라는 점 때문에 이 두 대륙이 원래는 하나의 대륙에서 갈라져 나온 것일 수도 있다는 생각을 하게 됐다.

이런 대륙 이동설에 최초로 관심을 집중시킨 이가 바로 알프레드 베게너였다. 알프레드 베게너가 1912년 1월 6일 프랑크푸르트 암 마인의 젠켄베르크 박물관에서 열린 학회에서 처음으로 대륙 이동설(대륙 표이설)을 주장했을 때 지질학자들은 크게 반발했다. 동료 학자들은 대륙이 움직인다는 생각을 말도 안 되는 것이라 여겼다. 그럴 만도 했다. 베게너는 대륙들이 어떻게 움직이고, 왜 움직이는지를 만족스럽게 설명해내지 못했기 때문이다.

학계가 이렇듯 대륙 이동설에 대해 회의적인 태도를 보였음에도 불구하고 한편으론 서서히 대륙 고정설의 문제가 드러나기 시작했다. 베게너는 당시 막 발견된 방사성 현상에 주목하여 그것이 지표면에 미친 영향들을 기술했다. 자연적으로 존재하는 우라늄 같은 방사성 원소들이 지구 내부에도 있을 수 있다는 내용이었다. 그는 지구 내부에서 방사성 원소들이 분열하면 열을 방출하게 되며, 그것이 지구 핵을 데우고 뜨겁게 유지시켜 산맥 형성에도 영향을 미쳤다고 보았다.

그 후 독일의 탐험선 '메테오르Meteor' 호가 1924년에서 1927년까지

음향측심기로 대서양의 해저를 측정했을 때 놀라운 사실이 드러났다. 원래 학자들은 대서양 해저의 탐험을 통해 서쪽에서 동쪽으로 뻗은 해저 산맥을 발견할 것으로 생각했었다. 수몰된 육지 다리의 잔해인 해저 산맥 말이다. 그런데 그 대신에 대서양 해저에는 남북으로 뻗은 거대한 산맥이 가로놓여 있었다. 바로 '중앙 해령(해령은 바다 산맥을 일컫는 말)'이었다.

학계는 아직 베게너의 이론을 확신하지는 못했지만 어쨌든 대륙 고정설이 계속 지지를 받기는 어려워졌다. 사고의 전환은 비로소 1960년대에 이루어졌다. 그동안 학자들은 대서양의 중앙 해저 산맥을 정확히 연구했고, 그곳에 해저 화산들이 많다는 것을 확인했다. 해저에서는 계속적인 화산 활동으로 용암이 분출된다. 그러면 이렇게 분출된 용암은 어떻게 될까? 그냥 해저에 쌓일까? 용암이 그냥 쌓였다면 대서양은 어느 순간 용암으로 덮여버렸을 것이다. 연구자들은 해저 지각이 중앙 해령으로부터 멀어질수록 나이가 더 많다는 것을 발견했는데, 이는 해저 지각이 화산대를 중심으로 옆으로 밀려난다는 것을 암시했다. 중앙 해령에서 용암 분출을 통해 끊임없이 새로운 지각이 만들어지며, 이런 지각들이 양옆의 오래된 지각들을 밀어내는 것이다. 그런데 새로운 지각들만 계속해서 만들어지고 오래된 지각들이 사라지지 않으면 지표면 자체가 자꾸 넓어질 게 아닌가? 하지만 그렇지는 않은 것을 보면 어디에선가는 오래된 지각이 소멸되는 것이 틀림없었다.

그렇다면 오래된 지각은 대체 어디로 사라지는 것일까? 1970년대 지질학자들은 오래된 지각이 심해 해구로 들어가버린다는 것을 확인하였다. 심해의 가장 깊은 부분인 해구에서는 지각의 일부가 다른 지각 아래로 밀려 들어가, 다시금 지구의 뜨거운 내부로 돌아가는 일이 일어난다. 지표면은 정말로 움직이는 것이며, 대륙들은 가만히 있지 않는 것이다.

약 2억 5000만 년 전에는 각 대륙이 대양을 통해 분리되어 있지 않았다. 하나의 대륙과 하나의 대양만이 존재했다. 베게너가 '판게아'라는 이름을 붙인 이 거대한 단일 대륙은 지금으로부터 약 1억 3500만 년 전에 서서히 나누어지기 시작했고, 각 부분이 서로 표류하여 오늘날 우리가 볼 수 있는 땅덩어리들을 이루었다.

대륙의 이동은 현재도 진행 중이다

물론 대륙들이 계속 같은 상태로 남아 있지는 않다. 대륙들은 여전히 1년에 몇 센티미터씩 움직인다. 손톱이 자라는 속도와 비슷한 빠르기로 말이다. 베게너 생전에 그렇게 논란이 되었던 판구조론plate tectonics에 대해 오늘날에는 아무도 의심하지 않는다. 이제 우리는 대륙의 움직임을 정확히 측정할 수 있으며, 미래에 무슨 일이 일어날지 상당히 잘 알고 있다.

앞으로 2000만 년이 지나면 동아프리카는 아프리카 대륙에서 분리될 것이다. 아프리카 대륙을 분열시키게 될 화산 활동은 이미 오래전에 시작되었다. 오늘날 에티오피아에서 모잠비크까지 '동아프리카 지구대(동아프리카 열곡대)'가 발달되어 있다. 동아프리카 지구대에는 많은 휴화산과 활화산이 분포되어 있고(아프리카 최고봉인 킬리만자로 산도 그중 하나임) 지진 활동도 활발하다. 그러나 미래에 분열될 예정인 것이 단지 아프리카뿐만은 아니다. 유럽에서도 포르투갈과 스페인이 어머니 대륙에서 떨어져 나와 자신의 길을 가게 될 것이다. 나머지 아프리카 대륙은 4000만 년 뒤 점점 더 북쪽으로 이동하여 지중해는 아예 사라질 예정이다. 아메리카에서는 캘리포니아가 본토에서 떨어져 나오고, 그린란드는 다시 따뜻한 남쪽으로 돌아갈 것이다. 8000만 년 뒤에는 아프리카와 유럽 대륙이 충돌하면서 새로운 산맥이 생겨날 것이며, 일본은 오스트레일리아와 충돌할 것이다. 또 남극 대륙은 지금 있는 남극의 자리를 떠나게 될 것이다. 약 2억 5000만 년 뒤에는 다시금 지구에 하나의 거대 대륙이 존재하게 될 것으로 예상된다.

판게아가 최초의 거대 대륙(초대륙)이 아닌 것처럼 이런 과정 역시 마지막은 아니다. 몇억 년에 한 번씩 초대륙이 형성되었다가 다시 분리되곤 하는 것이다. 이런 윌슨 주기(캐나다의 지질학자 존 투조 윌슨John Tuzo Wilson의 이름을 딴 명칭)는 상당히 방대한 시간에 걸친 것이므로 우리 인간이 직접적으로 경험할 수는 없다. 하지만 언제고 인간들은 그 영향에 직면하게 될 것이다.

사실 지구의 기후는 태양과 밀란코비치 주기에만 좌우되는 것은 아니다. 대륙의 배치도 지구의 기후에 중요한 역할을 한다. 여러 개의 대륙이 있을 때에 비해 초대륙(거대 대륙, 슈퍼 대륙)은 해안선이 더 짧을 수밖에 없다. 초대륙의 내부는 훨씬 더 방대해질 것이며, 그곳에는 세월이 흐르면서 대규모 건조 지역—오늘날 아시아 대륙 내부에 고비 사막이 있는 것처럼—이 생겨날 것이다. 오늘날의 세계에는 규칙적인 강우량을 지닌 비옥한 연안 지역이 많지만, 초대륙이 생기면 '살기 좋은' 지역이 상대적으로 적어진다.

해류와 풍류(바람)도 대륙의 위치로 말미암아 변화한다. 대륙이 서서히 춤추는 것은 나아가 대기의 구성에도 영향을 미친다. 오늘날 학자들은 판구조론적(판구조적) 과정이 과거에 뚜렷한 기후변화를 유발했다고 보고 있다. 가령 지금의 남극 대륙이 약 1억 5000만 년 전에 오스트레일리아에서 떨어져 나와 남극으로 이동할 때, 남극 대륙 주변에는 차가운 해류가 형성되고 남극 대륙이 냉각되었다. 그렇게 그 땅덩어리가 완전히 꽁꽁 얼고 빙하기가 도래하기 위한 전제 조건이 갖추어졌던 것이다. 약 2000만 년 전 동아시아 열곡대의 산맥들이 점점 더 솟아오르자, 구름들은 어느 순간부터 서쪽에서 동쪽으로 이동하기가 어려워졌다. 그리하여 동아프리카는 습기가 부족해져 원래 열대우림이었던 지역이 건조한 사바나(열대지방의 초원)로 변했으며, 호기심 많은 호미니드[22]들이 사바나를 누비기 시작했다. 이들은 숲에 남은 친척들과 달리 점점 더 직립보행을 선호하게 되었다. 이런 자세가 평평한 초원 지대에서는 기본적으로 더 편리했기 때문이다. 그러므로 동아프리카에서 대부분의 '선사시대 인류'가 발견된 것은 놀라운 일이 아니다. 인간은 이곳에서 탄생했

22 현생인류를 이루는 직립보행 영장류. –옮긴이

고, 만약 판구조 활동이 없었다면 지금의 우리 역시 존재하지 않았을 것이다.

그러나 판구조 활동은 멸망을 부를 수도 있다. 대륙들이 서로 충돌하는 경우에도, 혹은 서로 섭입[23]되거나 갈라지는 경우에도 인간들은 어찌할 도리 없이 피해를 입기 때문이다. 판의 경계 지역에서는 지진과 화산 활동이 활발하다. 그리고 이것들은 기후에 무지막지한 영향을 미칠 수 있다.

●●●

23 지구의 표층을 이루는 판이 서로 충돌하여 한쪽이 다른 쪽의 밑으로 들어가는 현상을 말한다.–옮긴이

화산 폭발이 불러오는 모든 것

땅속 깊은 곳의 암석, 즉 마그마가 지표면으로 나오는 지점이 있다. 바로 화산이다. 약 100킬로미터 깊이의 땅속 온도는 무려 섭씨 1000도가 넘는다. 그곳에서는 암석들이 지표면에서처럼 딱딱한 고체 상태로 되어 있지 않고 흐물흐물한 반 액체 상태다. 이것이 바로 마그마라는 것이다. 하지만 마그마는 완전히 녹아서 물처럼 된 상태는 아니다. 그러기에는 땅속 깊은 곳의 압력이 너무 크다. 이런 마그마는 세월이 흐르면서 축적되어 어느 순간에 압력이 매우 커지면, 지각의 틈새를 통해 위쪽으로 분출하게 된다. 대륙판이 서로 만나는 지점에서는 이런 현상이 특히 쉽게 일어난다. 지표면에서 가까운 곳의 압력이 낮아지면, 마그마는 물처럼 흐르기 쉬워지기 때문이다.

마그마는 지표면으로 흘러나오자마자 '용암'이라는 이름으로 불리게 된다. 이것은 때로는 화산으로부터 서서히 흘러나오고, 때로는 어마어마한 폭발을 일으켜 열기와 암석 덩어리들이 공중으로 솟구치게 함으로써 커다란 피해를 유발하기도 한다. 이런 화산 작용은 재와 아황산 가스를 대기 중으로 올려 보내며 기후에 영향을 미칠 수 있다.

화산 분출이 대규모로 일어나면 상층 대기에 에어로졸이 생길 수 있는데, 이것은 햇빛이 지표면에 이르는 것을 방해한다. 대기 중의 미세한 입자들이 태양 광선을 흡수하거나 우주로 도로 반사해버리기 때문에 그 아래 지표면에서는 온도가 하강한다. 1815년 인도네시아의 숨바와Sumbawa 섬에서 탐보라Tambora 화산이 폭발했을 때, 그 지역에서 약 7만 1000명이 직접적인 피해를 입어 사망했다. 이 화산 폭발로 대기 중에 분출된 물질들은 전 세계의 기후에 영향을 미쳤다. 그래서 그 이듬해인 1816년은 여느 해보다 확연히 추웠고, '여름이 없는 해'로 역사 속에 기록되었다.

이 해에 북아메리카의 기온은 여름에도 거의 영하로 떨어졌다. 중부 유럽에는 악천후가 이어졌고, 특히 스위스에서는 7월에 어마어마한 눈이 내렸다. 그리고 이 눈이 다 녹으면서 큰 홍수가 났다. 유럽 전역에서 흉년이 들어 곡식 가격이 치솟고 대기근이 찾아왔다. 1819년에서야 비로소 기후가 평년 수준을 되찾았다. 단 하나의 평범한 화산 폭발이 이 모든 결과를 불러왔던 것이다. 그러나 이보다 훨씬 더 큰 규모의 것도 있으니, 바로 '슈퍼 화산supervolcano(초화산)'이다.

슈퍼 화산

슈퍼 화산의 경우는 지하 마그마굄magma chamber(지각에서 마그마가 축적되는 부분)의 규모가 훨씬 더 크다. 여기서는 마그마가 몇천 년에 걸쳐 축적된 끝에 지표면으로 분출되기도 한다. 슈퍼 화산은 여느 화산처럼 '연기가 피어오르는 산'이 아니다. 처음에 슈퍼 화산은 지표면에서는 전혀 보이지가 않는다. 그러다 시간이 흐르면서 지하 마그마의 압력으로 말미암아 마그마층 위의 전 지역이 서서히 융기하게 된다. 그러고는 어느 순간 임계점에 도달하면 마그마층 위의 암석층이 완전히 붕괴되고, 전 지역에 걸쳐 폭발이 일어나게 된다. 일반적인 화산이 원추형인 것과 달리 슈퍼 화산은 지표면에 커다란 크레이터를 생성시키는데, 이를 '칼데라'라고 일컫는다. 지하 마그마층에서 나온 용암은 대기 중으로 약 50킬로미터까지 분출되고, 주변 몇백 킬로미터 반경의 지역을 초토화시킬 수 있다.

슈퍼 화산은 지진과 해일뿐만 아니라 장기적인 영향을 미치는 전 지구적인 기후변화를 야기한다. 그런 대폭발 이후엔 단지 한 해 정도 '여름 없는 해'가 생기는 것으로 그치지 않는다. 대폭발은 장기간에 걸쳐 '화산 겨울volcanic winter'을 유발하며, 그 결과 지구의 온도는 몇십 년에 걸쳐 빙하기 수준으로 떨어진다.

지질학자들에 따르면 현재 지구에 있는 몇 개의 슈퍼 화산 중 가장 유명한 것은 미국 옐로스톤 국립공원Yellowstone National Park 한가운데에 있는 옐로스톤 슈퍼 화산이다. 이 슈퍼 화산은 현재 활동하고 있다. 또한 이 지역이 계속 융기하고 있어, 땅속 마그마가 옐로스톤 국립공원 지하에 있는 커다란 마그마굄(약 1만 5000세제곱킬로미터 크기)으로 흘러들고 있음을 암시하고 있다. 마지막으로 분출한 것은 약 65만 년 전이었으므로, 분출을 코앞에 두고 있을 것으로 여겨진다. 단 지질학적 시간은 인간의 시간적 잣대와는 많이 다르므로, 분출하기까지 앞으로 2~3000년이 걸릴 수도 있다.[24]

오늘날 학자들은 커다란 화산 폭발이 과거 대량 멸종의 원인이었다고 추측하고 있다. 화석 연구에 따르면 아주 많은 종이 한꺼번에 사라지는 일이 간헐적으로 계속되어온 것으로 보인다. 가령 약 2억 년 전에는 생물종의 약 50~80퍼센트가 멸종했다. 당시 정확히 무슨 일이 있었는지 세부적으로는 알 수 없지만, 학자들은 당시의 대량 멸종이 초대륙 판게아가 분열되었던 것과 연관이 있다고 본다. 초대륙이 분리되는 과정에서 격렬한 화산 폭발이 장기간 지속되었고, 그로 말미암은 기후변화가 대량 멸종을 불러왔다는 것이다.

약 2억 5000만 년 전에는 그보다 더 안 좋은 일이 있었다. 당시에는 해양 생물의 약 95퍼센트, 육지 생물 종의 약 3분의 2가 멸종되었다. 이 일 역시 원인은 불명확하다. 하지만 '시베리아 트랩Siberian Traps' 도 바로 그 시기에 생성되었다. 시베리아 트랩은 동시베리아의 약 200만 제곱킬

24 활동 중인 슈퍼 화산은 유럽에도 있다. 가령 이탈리아 나폴리 근처에는 캄피 플레그레이Campl Flegrei/Phlegraean Fields라는 화산 지형이 있다. 크기가 150제곱킬로미터에 달하며, 아직도 활발하게 활동 중인 슈퍼 화산이다. 활화산인 베수비오 화산도 같은 화산대에 속한다.

로미터의 드넓은 지대(면적이 독일의 약 6배에 달함)로, 몇 킬로미터 두께의 오래된 용암으로 뒤덮여 있다. 이런 지대가 형성되려면 단순한 화산 폭발이 아닌, 대량의 용암이 분출되는 엄청난 규모의 화산 폭발이 있어야 한다.

그러므로 몇십만 년이라는 긴 기간에 걸쳐 마그마가 깊은 맨틀로부터 직접 지표로 올라와 시베리아에서 지속적인 화산 분출이 일어났을 것이다. 그로 인해 야기된 기후변화가 2억 5000만 년 전의 대량 멸종의 주된 원인이었는지는 확실하지 않다. 하지만 최근의 연구들은 대량 멸종과 시베리아 화산 폭발 사이에 간접적인 연관이 있었음을 보여준다. 요컨대 화산 활동이 일어나면서 많은 금속들도 지구 내부로부터 지표면에 이르렀다(오늘날 시베리아에 지하자원이 풍부한 것도 이 때문이다). 그런데 금속 중에는 특정 미생물이 영양원으로 활용하는 니켈도 있었다. 그 미생물의 이름은 메타노사르시나Methanosarcina인데, 이들은 신진대사의 부산물로 메탄가스를 만들어낸다. 즉 이 지역에 니켈이 아주 풍부했기 때문에 메타노사르시나는 엄청난 양의 메탄을 만들어낼 수 있었고, 이렇게 엄청난 양으로 생성된 메탄가스는 대기 중에 농축되어 강한 온실효과를 유발함으로써 결국 대량 멸종이라는 사태를 초래하고 말았다는 것이다.

별들의 죽음

인류를 위협할 수 있는 것은 화산뿐만이 아니다. 장기적으로 우리는 지구와 태양에서 오는 위험 외에 다른 별들로 인한 위험에도 대처해야 한다. 이에 대한 정보는 언뜻 천문학자들과는 별 관계가 없어 보이는 장소, 즉 해저에서 발견할 수 있다.

해수면 아래 4000~5000미터에서는 망간단괴manganese nodule가 발견된다. 망간단괴란 주로 망간금속으로 이루어진 커다란 금속 덩어리인데 다른 금속들도 많이 함유하고 있다. 현재 여러 나라들이 망간단괴를 경제적으로 채취하여 산업 원료로 활용하는 방법을 연구하고 있다.[25] 학자들 역시 이 심해 속 금속에 관심을 보이고 있다. 망간단괴 속에 별들

25 가령 독일 연방 지구과학 원료 연구소는 멕시코 서쪽 태평양의 약 7만 5000제곱킬로미터에 해당하는 지역에서 망간단괴를 채취할 수 있는 라이센스를 가지고 있다.

의 생성과 죽음에 대해 소중한 정보를 알려줄 수 있는 특별한 철이 들어 있기 때문이다.

철은 우리가 일상에서 알고 있는 보통의 안정된 형태뿐만 아니라, 몇몇 방사성을 띠는 특수한 동위원소로도 존재한다. 특히나 흥미로운 것은 학자들이 '아이언-60Iron-60'이라고 일컫는 철 동위원소다.[26] 아이언-60은 보통 지구상에는 존재하지 않는다. 아이언-60은 특별한 조건에서 생성된다. 바로 별의 내부와 같은 조건에서 말이다. 따라서 해저의 망간단괴에 아이언-60이 들어 있다는 것은 이런 철이 먼 별에서 와서 우리의 심해에 이르렀다는 이야기다.

그러나 이렇게 되려면 일단 아이언-60이 별로부터 우주 공간으로 분출되어야 할 것이다. 이런 일은 바로 별이 수명을 다할 때에 일어난다. 별들의 죽음은 상당히 복잡하게 진행된다(9장 참고). 아무튼 마지막에는 별이 팽창하여 별의 대기에 속한 물질들을 우주 속으로 쏟아내버리고, 최악의 경우에는 완전히 폭발해버린다. 정확히 어떤 일이 일어나는지는 별의 질량에 따라 달라진다. 별 속에 핵융합 원료가 얼마나 있고, 핵융합이 어떤 온도로 진행될 것인지는 질량이 좌우하기 때문이다. 핵융합이 끝나면 이제 별도 수명을 다한다. 그리고 앞에서 말했듯이 별은 어마어마한 폭발로 생애를 마칠 수도 있는데, 이때 핵융합을 통해 새로 생긴

26 일반 철은 원자핵에 26개의 양성자와 30개의 중성자가 있다. 따라서 원자핵을 구성하는 입자가 56개다. 반면 아이언-60은 26개의 양성자와 34개의 중성자로 이루어져 있어 총 입자 수가 60개이다.

원소들이 우주로 분출된다.[27] 그렇게 분출되는 것들 중에는 아이언-60도 있다.

우주에는 언제나 소량의 아이언-60이 존재한다. 행성이 생성될 때 행성 속에도 처음에는 이 금속이 약간 들어 있다. 그러나 철의 이 동위원소는 방사성이고 반감기가 260만 년이므로, 오늘날 지구에는 이런 원소가 더 이상 남아 있지 않아야 한다. 지구의 나이는 이미 45억 살이기 때문이다. 그러므로 해저에서 여전히 아이언-60이 발견된다면 그것은 나중에 그리로 왔다는 이야기다. 다시 말해 과거 언젠가 지구에서 가까운 우주에서 별이 폭발했고, 그 와중에 아이언-60이 우리에게 실려와서는 심해의 망간단괴에 함유되었다고 할 수 있다. 우주에서 폭발이 일어난다는 것은 태양계의 주변만 둘러보아도 알 수 있다.

별과 별 사이에는 도처에 소위 '성간물질interstellar medium'이 존재하는데, 이는 세제곱센티미터당 원자를 몇 개 포함하고 있지 않은 엷은 가스로 은하계 전체에 퍼져 있다. 성간물질의 어떤 부분은 처음부터 그곳에 존재한 것으로, 커다란 가스 구름을 이루어 별들을 탄생시키기도 한다. 한편 어떤 부분은 별들이 우주 속으로 분출한 것들이기도 하다. 그런데 성간물질은 별들 사이에 균일하게 분포하지 않는다. 태양은 '로컬 버블local bubble'이라 불리는 성간운(항성간 구름) 안에 있는데, 이 로컬 버블은 주변의 우주 공간보다 성간 가스가 희박한 지역이다. 로컬 버블의 지름

●●●

27 별 내부의 핵융합과 그로 인해 생성되는 원소들에 대한 상세한 내용은 내가 쓴 다른 책 《우주, 일상을 만나다》에 자세히 나와 있다.

은 약 300광년 정도인데, 무엇인가가 이곳의 성간물질들을 다른 지역으로 밀어버린 것으로 보인다. 이와 같은 일을 하기 위해서는 많은 에너지가 필요하다. 한 무리의 별들이 폭발하면서 생겨날 수 있는 에너지가 말이다.

별들은 대부분 혼자서 생성되지 않고, 커다란 무리 속에서 다른 별들과 동시에 생겨난다. 생성된 별은 비교적 짧은 기간을 두고 생애를 마치기도 한다. 추측컨대 별들이 은하계를 지나가는 중에 이런 별 집단(소위 '전갈-센타우루스 성협') 중 하나가 로컬 버블을 만들기에 적절한 시기, 적절한 장소에 위치했다. 또 이런 별 집단이 220만 년 전에 지구와 가장 가까운 장소에 있었다는 것도 규명된 바 있다. 아이언-60을 포함하고 있는 망간단괴도 마찬가지로 약 220만 년 된 것이다. 따라서 당시 이런 별 집단의 별들이 초신성 폭발로 생애를 마쳤고 그 와중에 별 내부의 물질이 지구까지 이르렀을 가능성이 크다.

초신성 폭발의 후유증

사실 당시 폭발했던 별들은 여전히 지구로부터 약 210광년이나 떨어져 있어, 지구에 커다란 해를 미치는 거리는 아니었다. 그러나 별들이 지구와 더 가까운 곳에서 생애를 마치지 말라는 법은 없다. 태양은 은하계의 다른 별들과 마찬가지로 계속해서 은하계를 여행하고 있으며, 몇백만 년이 지나면서 다른 별들과의 거리도 계속해서 변한다. 별들 간의 거리는 어느 때는 가깝고 또 어느 때는 서로 멀어진다. 그들 사이에 충돌의 염려가 없을 정도로 충분한 거리가 있다 해도, 초신성 폭발은 단순히 방사성 철을 지구 방향으로 보내는 것에 그치지 않고 더 커다란 후유증을 가져올 수도 있다.

초신성 폭발의 결과가 지구에 얼마나 파괴적으로 작용할지는 한편으로는 폭발하는 별의 질량에, 한편으로는 거리에 달려 있다. 질량이 크고 가까울수록 결과는 더 나빠진다. 작은 별들은 약 20광년 정도로 가까워야 지구에 영향을 미칠 수 있지만, 커다란 별들은 경우에 따라 100광년 떨어져 있어도 충분히 영향을 미칠 수 있다. 이런 별들의 폭발이 미치는 효과는 어찌 보면 놀라울 정도로 미묘하다. 지구는 파괴되지도 않고 연소되지도 않으며 망가지지도 않는다. 죽어가는 별들로부터 우리에게 도달하는 물질은 처음에는 무시될 수 있다. 커다란 '파편' 같은 것이 지구로 떨어지는 것은 아니기 때문이다.

그러나 재앙은 눈에 보이지 않게 우리에게 다가온다. 강한 감마선의 형태로 말이다. 이런 고에너지의 빛은 초신성 폭발을 통해 상당히 많은 양으로 방출된다. 감마선은 지구의 대기와 만나 우리 공기 속의 질소를 질소산화물로 변화시킨다. 또한 이 질소산화물은 오존층을 파괴하며, 최악의 경우 오존층을 완전히 없애버린다. 오존층이 없으면 유해한 자외선이 아무런 방해 없이 지표면에 도달하고, 이는 다른 모든 생물들에게 해를 입힌다. 오존층은 몇십 년 뒤에는 다시 생기겠지만, 그때까지 전체의 먹이사슬이 파괴될 수도 있다. 태양의 자외선이 오존층이 생기기 전에 땅 위의 식물들과 바다의 플랑크톤과 바닷말을 손상시키고 파괴시킬 수도 있다.

별의 폭발이 지구와 가까운 곳에서 일어나면, 심지어 대량 멸종을 초래할 수도 있다. 2003년 캔자스대학교와 미국항공우주국의 학자들은 특히 커다란 초신성(소위 '감마 섬광')이 4억 4300년 전에 있었던 오르도비스기 대량 멸종을 불러왔을지도 모른다는 추측을 내놓았다. 오르도비스기 멸종에서 바다생물종의 85퍼센트가 멸종한 바 있다.

이런 대량 멸종의 정확한 원인은 알려져 있지 않다. 사실 가까운 별의 폭발이 이런 멸종을 불러왔다는 의견은 소수의 학자들에 의해서만 고려되고 있을 뿐이다. 다른 학자들은 화산 폭발이나 초대륙 곤드와나의 이동이 그 원인이었을 것이라고 본다.

무엇이 원인이었든 한 가지는 확실하다. 장기적인 시각에서 볼 때 지구는 우리 인간들에게 아주 위험한 장소라는 것 말이다. 물론 소행성 충돌, 빙하기, 판구조 활동, 슈퍼 화산은 지금 이 시대를 사는 인간들에게 직접적으로 위협이 되지는 않는다. 그러나 인류라는 종이 장기적으로 생존하고자 한다면, 우리는 그런 것들에 대해서도 생각해야 한다. 다음 몇십 년, 몇백 년이 아니라, 몇만 년을 생각한다면 우리 지구의 미흡한 부분에 대응하기 위한 전략이 필요하다.

Part 2 소행성과 지구

4장

소행성 충돌을 피하는 방법

인류는 소행성 충돌의 위협을 인식하면서부터 지금까지 충돌을 방지하기 위한 방법을 끊임없이 연구하고 있다. 그 결과 아직은 미흡하지만 몇 가지 현실적인 방법을 개발한 상태다. '태양 범선', '카이네틱 임팩트', '이온 엔진' 등으로 알려진 이러한 기술들은 더 이상 사이언스 픽션에만 나오는 이야기가 아니다.

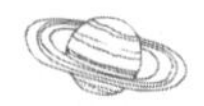

소행성의 궤도를 변경하라

소행성이 지구 쪽으로 돌진하고 있다. 미국항공우주국의 와이즈WISE 관측 위성이 아직 알려져 있지 않은 천체들을 샅샅이 수색하여 지구에 전혀 위험하지 않은 수백 개의 소행성과 혜성을 발견했다. 그러던 와중에 지구에 아주 근접한 궤도를 가질 것으로 예상되는 소행성 한 개가 나타났다. 이 소행성이 발견되자 많은 천문학자들이 정확한 관측에 나섰다. 모두 과거 열몇 건의 비슷한 경우들처럼 관측을 정확하게 할수록 충돌 확률은 더 낮아지리라고 생각했다.

하지만 이번에는 그렇지 않았다. 소행성의 궤도가 더 정확히 알려질수록, 충돌 확률은 더 높아져만 갔다. 며칠 동안 전 세계 천문대와 전산센터에서 숨 막히는 작업이 이루어진 끝에 이 소행성과 지구의 충돌이 불가피하다는 것은 기정사실이 되었다. 소행성은 아주 밝았고 직경이 최소 1킬로미터에 이를 것으로 보였다. 전 지구적인 재앙이 불가피하다는 결론이었다.

앞으로 20년간 이 소행성은 지구에 세 번이나 아주 가까이 근접하고, 네 번째는 직접 지구로 돌진할 예정이었다. 인류는 만기 날짜를 받아놓은 셈이었다. 이제 20년만 지나면 소행성이 기존의 문명에 종지부를 찍을 것이라고 예상되었다. 물론 살아남는 사람들도 있을 것이다. 하지만 충돌 후에는 모든 것이 예전과는 다를 것이다. 살아남은 자들은 완전히 새로운 세계에 적응해야 할 것이다.

물론 이것은 가상 시나리오다. 그러나 이런 시나리오는 언제든지 현실이 될 수 있다. 우리는 커다란 소행성이 다시 지구에 충돌하는 건 다만 시간문제임을 알고 있다. 그리고 그냥 손 놓고 보고 있을 수만은 없다면 대비를 해야 한다. 소행성 충돌은 실제로 가능한 일이지만 충돌을 막을 수도 있다는 이야기다. 물론 쉬운 일은 아니며, 비용도 많이 든다. 학문적, 기술적으로 장기간 어마어마한 투자를 해야 한다. 그러나 이런 어려움에 굴하지 말아야 한다.

폭파보다 안전하고 효율적인 방법

할리우드 영화에서는 모든 것이 상당히 간단해 보인다. 영화는 위험한 천체를 발견하는 것으로부터 시작한다. 한 천문학자가 망원경으로 그 천체를 보고, 갑자기 미친 듯이 컴퓨터에 뭔가를 입력하기 시작한다. 그러면 지구에 충돌할 소행성의 정확한 궤도를 보여주는 삼차원 영상이 금세 모니터에 뜬다. 물론 실제로는 궤도가 나오기까지 관측 외에도 많은 것들이 필요하다. 또한 천문학자들은 이미 망원경 앞에 앉아 있지 않은 지 오래다. 그들은 컴퓨터 모니터에 나타난 영상들만을 마주 대한다. 그리고 궤도를 계산하면, 그래픽 영상이 뜨는 게 아니라 기다란 수열만 나열될 따름이다.

영화의 세계에서는 소행성과의 충돌 가능성이 가장 먼저 미국 대통령에게 보고되고, 일반 대중은 그 사실을 까맣게 모른다. 그러나 현실에서는 모든 소행성의 궤도에 관한 자료가 누구나 볼 수 있게 인터넷에 게시되고, 어떤 국가의 수장에게 보고되기 전에 전 세계 어디서든 천문학자들이 이미 그 사실을 익히 알 수 있다. 한편 영화 속 대통령은 군 자문들과 상의하여 대책 마련에 들어가고, 그 대책이라는 것은 늘 그렇듯이 핵무기를 탑재한 우주선을 소행성으로 보내는 것이다. 영화 속에서 이런 식으로 소행성을 폭파하려는 계획은 물론 성공한다.

그러나 실제 세계에서 이런 미션을 실행한다면 우주 비행사들은 마지막에 군중의 대대적인 환영을 받으며 영웅적으로 귀환하기는커녕 소행성 충돌로 완전히 멸망 직전에 이른 지구로 돌아오게 될 것이다. 원자폭탄으로 소행성을 폭파시키는 것은 정말 떠들썩한 일일 테지만, 소행성을 막는 수단으로서는 최악의 방법이기 때문이다. 전 지구적 피해를 초래할 만한 소행성은 지구와 비교해서는 몸집이 작지만, 그럼에도 불구하고 상당히 커다란 암석 덩어리다. 몇 킬로미터 직경의 암석 덩어리는 커다란 산 혹은 산맥에 버금간다(소행성이 그렇게 크지 않으면 전 지구적 피해를 초래할 수 없을 것이다). 그리고 제법 큰 규모의 산 한 개만을 원자폭탄으로 폭파하는 게 가능하지 않은 것처럼, 원자폭탄으로 소행성을 통째로 폭파하는 것 역시 불가능하다.

천체는 쉽게 공중 분해되지 않는 법이다. 거대한 암석 덩어리 한 개가 지구와 충돌하는 대신 이제 상당히 큼직한 덩어리 여러 개가 지구와 충돌하게 될 것이고, 쪼개지든 쪼개지지 않든 지구에 커다란 피해를 야기하기는 마찬가지일 것이다. 그러므로 소행성을 완전히 파괴하려는 시도는 그다지 바람직하지 않다. 소행성을 분해하는 대신 소행성이 충돌 궤도에서 이탈하도록 궤도를 약간 변경시키는 편이 훨씬 더 효율적이다. 소행성의 운동 속도를 약간 늦추든지 바르게 만들든지 하면 소행성과 지구가 충돌하는 것을 막을 수 있다. 그런 궤도 변경은 핵무기로 단순히 폭격을 가하는 것보다 더 많은 비용과 숙련된 기술을 요구한다. 하지만 이런 방법은 실제로 가능하다. 바로 이게 가능하다는 점이 중요하다.

소행성을 어떻게 움직일까? 다른 모든 것을 움직이듯이 움직이면 된다. 적절한 추진력으로 말이다. 우주선을 보내서 위험한 천체를 약간 '밀면' 된다. 소행성에 착륙해서 원자폭탄을 터뜨릴 수 있다면, 소행성에 착륙해서 우주선의 추진력을 활용하여 소행성을 그 자리에서 살짝 밀어내는 것 역시 가능할 게 아닌가. 원칙적으로는 전적으로 가능한 일이다. 순수하게 물리학적으로는 이런 식으로 작은 천체를 움직이는 것이 전혀 문제가 되지 않는다. 그러나 물론 실제에서 이런 계획을 실행하기란 거의 불가능에 가까울 것이다. 천체를 움직이기 위해서는 추진력뿐 아니라, 그에 필요한 연료도 있어야 하기 때문이다.

현재 우주 비행을 가능케 하는 로켓은 매우 크다. 어마어마한 연료를 채운 탱크로 이루어져 있기 때문이다. 1969년 미국의 우주 비행사들이 달로 날아갈 때 그들은 10미터 길이에 약 3만 킬로그램 무게의 우주선을 타고 날아갔다. 그러나 이 비행을 가능케 했던 로켓은 높이가 100미터에 달했고, 연료가 완전히 채워져 있을 때의 무게는 200만 킬로그램이 넘었다. 작은 우주캡슐이 충분한 속도로 가속되어 지구를 떠나 달로 향하기 위해서는 이 모든 것이 필요했다.

태양 돛을 달고 우주를 항해한다면

사실 소행성의 몸집은 아폴로 우주선에 비할 바가 아니다. 훨씬 크고 훨씬 무겁다. 그래서 움직이기가 쉽지 않고 움직이는 데 연료도 훨씬 더 많이 들게 될 것이다. 게다가 우선 지구에서 우주로 연료를 가지고 가려면 다시금 그에 상응하는 로켓들이 필요할 테고, 이런 로켓을 우주에 발사하려면 또 다시 상상을 초과하는 양의 연료가 필요할 것이다. 추진력을 활용해 소행성을 기존 궤도에서 이탈시키려면 어마어마한 노력과 기술, 비용이 들어갈 것이라는 말이다. 하지만 이미 현지에 있는 자원을 활용하면 훨씬 더 간단하지 않을까. 가령 햇빛 같은 것 말이다!

햇빛을 사용한다고? 물론 태양 전지를 통해 전기적 추진력을 얻기 위해 태양 광선을 활용할 수 있다. 그러나 더 간단한 것은 태양 광선 자체를 직접 '연료'로 활용하는 것이다. 1610년에 이미 요하네스 케플러는 갈릴레오 갈릴레이에게 보내는 편지에 "배와 돛이 태양풍을 이용할 수 있다면, 이를 통해 우주 공간을 여행할 수 있을 것이다"라고 적었다.

태양 범선의 역할

그로부터 400년 뒤인 2010년 6월 10일 최초로 정말로 그런 배가 '태양풍'을 활용해 우주로 항해하기 위해 돛을 펼쳤다. 일본우주항공연구개발기구JAXA에서 쏘아올린 '이카로스IKAROS: Interplanetary Kite-craft Accelerated by Radiation Of the Sun'(태양의 복사열로 추진되는 연 모양의 행성간 탐사선)는 이날 173제곱미터에 달하는 거대한 태양 돛(솔라세일)을 펼침으로써 오로지 태양빛만을 이용해 우주를 항해하는 최초의 우주 탐사선이 되었다.

이 작은 우주선은 커다란 연료 탱크 없이도 너끈히 우주여행을 할 수 있음을 보여주었다. 일반 범선들이 바람을 이용하듯 '태양 범선(우주 범선)'은 태양 광선을 활용한다. 태양 광선이 태양 돛의 박막에 도달하면 반사되는데, 그 과정에서 광자 안에 있던 에너지로부터 막에 임펄스가 전달된다. 이런 힘은 아주 미미하지만, 박막이 충분히 큰 경우는 우주선을 움직이기에 충분하다.

전통적인 로켓의 어마어마한 연료 탱크에 비해 태양 돛은 아주 가볍고 부피가 작다. 이카로스의 초박막 태양 돛은 두께가 7.5마이크로미터로 머리카락보다도 얇다. 또한 총 무게는 2킬로그램밖에 나가지 않았다. 함께 발사된 로켓 안에서 태양 돛은 거의 자리를 차지하지 않는다.

그러다가 우주에서 비로소 완전한 크기로 펼쳐진다. 그러면 돛이 태양광을 받을 수 있게 되고, 그 에너지로 우주선을 추진시킬 수 있다. 속력을 높이는 일은 그리 빠르게 이루어지지는 않는다. 315킬로그램 무게의 이카로스 우주선은 시간당 초속 2센티미터(0.07km/h)정도로 가속된다. 그리하여 시간당 몇십 킬로미터의 속도에 이르기 위해서는 약 14시간이 지나야 한다. 새턴 V로켓은 이보다 몇백만 배 더 강하게 가속할 수 있는 힘을 자랑하지만, 작동 시간은 무척 짧다. 반면 태양 돛은 늘 충분한 추진력을 가지고 있고, 오래 기다리기만 하면 속력을 거의 임의로 높일 수 있다. 원칙적으로는 광속에 접근할 수 있을 정도다.

그러므로 위험한 소행성을 막기 위해서는 태양 범선이 이상적일 것이다. 범선을 우주로 보내기만 하면 연료 걱정을 할 필요가 없기 때문이다. 태양 범선이 일단 소행성에 착륙하기만 하면, 지속적인 힘을 행사할 수 있다. 태양광이 위험한 천체를 지금의 궤도에서 충분히 밀어버릴 때까지 기다리기만 하면 된다.

그러나 이렇게 기다리는 것이 문제가 될 수도 있다. 경우에 따라 태양광의 약한 힘으로 소행성 궤도를 충분히 변경시키기까지 아주 오랜 시간이 걸릴 수도 있기 때문이다(게다가 소행성이 회전하는 것 역시 태양 돛의 기능을 방해할 수 있다). 그러므로 태양 범선을 활용해 지구 구조 임무에 돌입하기 위해서는 이상적인 경우, 몇십 년의 시간적 여유가 있어야 할 것이다. 그러나 일이 급하게 진행되어야 하는 경우는 어떻게 할까? 여기서도 태양 돛이 도움이 될 수 있다. 아주 다른, 상당히 파괴적인 형태로 말이다.

카이네틱 임팩트

천체의 운동을 변경시키는 가장 단순한 방법은 '카이네틱 임팩트kinetic impact(운동 충격)'라는 것이다. 말하자면 뭔가를 소행성에 던지자는 것이다. 위험한 암석 덩어리를 다른 물체와 충돌시키면, 태양 돛을 장착하거나 다른 추진 시스템을 사용할 때와 마찬가지로 그 천체의 운동 속도를 늦추거나 가속시킬 수 있다.

물체를 물체에 던지는 것은 원칙적으로는 어렵지 않다. 하지만 맞혀야 하는 물체가 우주에 있는 것이라면? 사정은 약간 달라진다. 그러나 이와 관련해서도 우리에겐 이미 경험이 있다. 2004년 12월 30일 미국항공우주국은 우주 탐사선 딥 임팩트Deep Impact 호를 우주로 쏘아 올렸다. 목표는 5년 반의 공전주기로 태양을 도는 혜성 템펠 1이었다. 딥 임팩트는 174일간 시속 약 10만 킬로미터가 넘는 속도로 비행하여, 2005년 7월 4일 미국 독립기념일에 맞추어 정확히 템펠 1에 도달했다. 독립기념

일을 맞이하며 미국 곳곳에서 불꽃놀이가 벌어지는 동안에, 미국항공우주국은 우주에서 특별한 우주 쇼를 연출했던 것이다.

이때 딥 임팩트는 두 부분, 즉 근접 비행 부분(본체)과 충돌 부분(충돌체)으로 분리되었다. 근접 비행 부분은 혜성으로부터 몇백 킬로미터 떨어져 안전 거리를 유지했고, 냉장고만 한 크기에 370킬로그램 무게의 충돌체는 곧장 템펠 1 혜성의 비행 궤도 속으로 파고들어가, 초속 10킬로미터의 속도(3만 6000km/h)로 혜성과 충돌했다. 이런 충돌에서 엄청난 불꽃이 일었고, 거대한 크레이터가 생겼으며, 혜성 표면으로부터 많은 양의 먼지와 암석들이 우주로 분출되었다.

미국항공우주국 학자들의 목적이 바로 그것이었다. 딥 임팩트의 미션은 혜성을 궤도에서 이탈시키는 것이 아니었다. 혜성 표면 아래 대체 어떤 물질들이 있는지를 알아내고자 혜성을 파고들어갔고, 근접 비행 부분은 크레이터가 만들어지면서 방출된 물질들을 정확히 분석할 수 있었다. 템펠 1이 지구와 충돌할 위험은 전혀 없었지만, 딥 임팩트와 충돌함으로써 혜성이 움직이는 속도가 변했다. 물론 눈에 띄게 변한 것은 아니었다. 혜성은 초당 0.0001밀리미터가 감속되었을 뿐이다. 그 효과는 미미해서 측정이 거의 불가능했다. 하지만 최소한 원칙은 발휘되었다. 행성에 무엇인가를 던져서 그 속도를 변화시켰던 것이다. 그러나 위험한 천체를 막을 목적이라면, 훨씬 더 높은 속도의 충돌체를 충돌시켜야 할 것이다.

충돌을 방어할 시간

혜성인 템펠 1(길이 8킬로미터, 너비 5킬로미터)과 같이 커다란 천체의 경우 충돌을 통해 충분한 정도의 충격을 가하는 것은 정말이지 쉽지 않다. 그러나 소규모 소행성은 이런 방법이 통할 것이다. 학자들은 약 10킬로미터 무게의 작은 태양 범선으로 직경 325미터의 소행성 아포피스의 궤도를 바꿀 수 있을 것으로 계산하고 있다. 이를 위해 이 둘은 초속 90킬로미터 정도의 속도로 충돌해야 할 것이다. 그러므로 태양 범선은 아포피스와 다른 방향으로, 태양을 공전하는 궤도로 날려 보내는 것이 좋을 것이다. 그러면 두 물체는 서로 정면으로 충돌할 수 있고, 두 개의 속도를 더하면 필요한 충돌 속도가 된다.

이것을 실행하는 데에는 약 1년 정도의 시간만 주어지면 무리가 없을 것이다. 따라서 2004년 크리스마스에 아포피스가 정말로 지구에 위험을 초래할 것이라고 밝혀졌다고 해도, 2029년의 예고된 충돌까지 조치를 취할 시간이 충분했기 때문에 차분하게 미션들을 계획하고 다양한 대안을 고려해볼 수 있었을 것이다. 그러나 언제나 그런 편의가 주어지는 것은 아니다. 지구에 대량 멸종을 초래할 수 있을 커다란 소행성의 경우는 대부분 눈에 잘 띄어서 충돌이 있기 전에 지구와 우주의 여러 망원경으로 일찌감치 포착이 되겠지만, 그보다 훨씬 수가 많은 작은 천체들의 경우 충분한 시간이 주어지지 않을 수도 있다.

2014년 4월 23일 우주 망원경 와이즈는 그때까지 알려지지 않았던 소행성을 발견했다. 2014HQ124라는 이름이 붙은 이 천체는 직경이 약

300미터로 아포피스와 비슷한 크기였다. 발견한 것 자체는 별로 특별한 일이 아니었다. 새로운 소행성들이야 매일 발견되기 때문이다. 그러나 2014HQ124는 궤도상으로 몇 주 지나지 않아 지구에 아주 근접하게 될 것임이 드러났다. 2014년 6월 8일 아침 이 소행성은 140만 킬로미터의 거리를 두고 지구를 스쳐 지나갔다. 이 거리는 지구와 달 사이 거리의 약 3.5배에 해당하는 것으로 충돌 걱정은 하지 않아도 될 만한 정도였다. 그러나 우주적인 시각에서 보면 지구와 2014HQ124는 굉장히 근접했던 편이다. 이 소행성이 정말로 지구와 충돌하는 궤도에 있었더라면 소행성을 발견하고 충돌하기까지 뭔가 조치를 취할 만한 시간이 거의 없었을 것이다.

사실 이 소행성과 충돌했다고 해도 지구가 멸망하지는 않았을 것이다. 2014HQ124의 크기는 전 지구적인 파괴를 부를 정도는 아니었기 때문이다. 그러나 아주 큰 피해를 야기했을 것임은 분명하다. 인구밀도가 높은 지역에 떨어졌다면, 수백만의 인명이 희생되었을 것이다. 1장에서 이미 우리는 첼랴빈스크에 떨어진 운석처럼 불과 몇 미터 되지 않는 암석 덩어리라 할지라도 한 도시 상공에서 폭발했을 때 어떤 피해를 불러일으킬 수 있는지 살펴본 바 있다. 소행성이 작을수록 충돌의 후유증도 작다. 그리고 커다란 소행성보다는 작은 소행성을 막는 게 더 수월하다. 하지만 작은 소행성들은 발견하기가 훨씬 더 어렵다는 게 문제다.

첼랴빈스크의 것과 비슷한 소행성에 대처할 수 있기 위해 우리는 만반의 준비를 갖추어야 한다. 충돌 전에 그런 작은 규모의 소행성을 관측하는 데 성공할 경우 즉각적으로 투입할 수 있는 방어 체계가 필요한 것이다. 즉 지루한 준비나 계획 과정을 거치지 않고도 즉각 투입할 수 있는 신빙성 있고 노련한 방어 체계가 필요하다. 그러면 우리는 불과 두세 달 말미가 남은 충돌도 방어할 수 있을 것이다.

소행성은 적인가 친구인가

소행성을 방어하는 수단으로는 레이저도 있다. 미래 무기인 레이저 대포를 지구에서 우주로 발사하여 소행성을 가루로 만들 수 있다는 이야기가 아니다. 그런 일은 사이언스 픽션에서나 시연될 뿐이다(그리고 지구촌 정세를 고려할 때 다른 나라의 눈치를 보지 않고 레이저 무기 개발에 쉽게 돌입할 나라는 없는 듯하다). 그러나 고출력의 레이저를 소행성에 쏘는 방법은 가능하다. 레이저가 소행성의 주위를 돌면서 소행성의 표면을 가열하면 소행성 표면의 물질이 기화되어 우주로 증발되고, 그러면서 반작용으로 소행성이 움직인다. 의도적으로 이런 방법을 취한다면, 천체가 충돌 궤도를 이탈할 수 있다.

첼랴빈스크 상공에서 폭발한 정도의 소행성을 위험한 궤도로부터 밀어내는 데에는 약 100킬로와트급 레이저로 한 달이 소요된다(참고로 시중에서 많이 볼 수 있는 레이저 포인터는 출력이 불과 몇 밀리와트 되지 않으며,

따라서 1억 배나 출력이 작다). 훨씬 약한 10킬로와트의 레이저로 소행성을 밀어내려면 10년이 소요된다. 아포피스급 소행성의 궤도를 변경시키는 데는 강력한 레이저로 10년이 소요될 것이고 출력이 약한 레이저로는 100년이 걸릴 것이다. 어쨌든 현재의 기술은 100킬로와트라는 높은 출력의 레이저를 이런 목적으로 쏠 수 있는 단계까지 이르지 못했다. 소행성 방어에 투입할 수 있는 10킬로와트의 레이저를 만드는 데만 해도 엄청난 기술적 비용이 필요할 전망이다.

그러나 적합한 레이저 기술이 확립된다고 한들, 이와 같은 레이저 방어 시스템은 하늘을 지속적으로 관측함으로써 충돌할 천체를 일찌감치 발견해서 준비 기간이 넉넉한 경우에만, 또한 작은 규모의 소행성을 막는 데에만 사용될 수 있을 것이다. 규모가 큰 천체는 이런 방법으로 막지 못한다. 그러므로 모든 것에 대비하고자 한다면 레이저와 태양 돛을 준비하는 동시에, 소행성을 방어할 수 있는 다른 방법들도 계속해서 개발해나가야 한다.

·

이온 엔진의 굉장한 이점

유망한 방법은 바로 이온 엔진이다. 이온 엔진이라는 말 역시 사이언스 픽션에나 나올 듯한 분위기를 강하게 풍기지만, 과학적으로 가능하며 실용화 테스트가 이루어지고 있는 개념이다. 이온 엔진으로 우주선을 추진시키는 방식은 기존의 로켓 엔진처럼 반동으로 추진력을 얻는 방식과 같다.

이온 엔진은 로켓에서 사용하는 일반적인 연료를 연소시키지 않고, 이온의 반발을 활용한다. 한 기체로부터 만들어진, 전하를 띤 양이온의 반발력을 활용하는 것이다. 이때 흔히 쓰이는 가스는 크세논(제논)이다. 크세논의 원자를 이온화시켜 전기장 안에서 가속시키는 것이다. 전하를 띠지 않는 보통의 원자들은 전기장의 영향을 받지 않는다. 그러나 전하를 띤 이온들은 전기장을 통과하며 높은 속력을 가지게 된다. 이온들은 가속된 뒤 다시금 중성화되어 입자선으로서 뿜어지며 이런 입자들의 반작용을 통해 우주선의 추진이 가능해진다.

이온 추진의 이점은 단연 '연료'의 양에 있다. 기존의 로켓은 주로 화학적 추진제가 가득 찬 탱크로 구성된다. 그리고 비행하는 중에 이 추진제들이 연소된다. 전체 우주선 중에서 실용 탑재량(운용 하중)은 극히 일부분에 불과하다. 반면 이온 엔진의 경우는 전통적인 의미의 연료라는 것이 없다. 추진에 사용되는 에너지는 이온을 가속시키는 전기장에서 나오기 때문이다. 우주 비행에 필요한 단 한 가지는 이온을 얻을 수 있는 물질 정도인데, 이런 물질은 일반적인 로켓의 추진제와는 비할 수 없이 적은 양만 있으면 된다(달 탐사선 SMART-1의 이온 엔진에 필요한 크세논은 84킬로그램에 불과했다).

전기장에 들어가는 에너지는 태양 전지나 소형의 원자력 전지를 통해 얻는다. 이온 엔진은 1998년 10월 24일 우주 탐사선 '딥 스페이스 1호'를 발사할 때 최초로 실용화 테스트가 이루어졌다. 이온 엔진이 장착된 딥 스페이스 1호는 소행성 '브라유'와 혜성 '보렐리' 쪽으로 날아가 2001

년 12월 18일까지 탐사 활동을 했다. 딥 스페이스 1호 발사의 목적 중에는 물론 이 두 천체를 탐사하려는 것도 있었다. 그러나 주목적은 크세논 가스를 활용한 이온 엔진을 테스트하는 것이었다. 그리고 3년간의 비행을 통해 이온 엔진 테스트는 성공적으로 끝났다.

2002년에는 이온 엔진이 위기 상황에서도 효력을 발휘할 수 있음이 드러났다. 유럽우주국ESA: European Space Agency은 그 전해인 2001년 7월 통신위성인 '아르테미스' 위성을 발사했다. 이 위성은 3만 6000킬로미터 상공에서 정지위성 궤도에 진입할 예정이었다. 하지만 로켓은 이 높이까지 위성을 보내지 못하여, 아르테미스는 지표면으로부터 1만 7000킬로미터 상공까지밖에 올라가지 못했다. 이 상태에서 궤도 수정을 위해 마련한 엔진으로 3만 1000킬로미터까지 올라갔는데, 이것으로도 여전히 충분하지 않았다. 그런데 다행히 아르테미스에는 정지궤도에서의 테스트를 위해 두 개의 이온 엔진이 장착되어 있었고, 이를 이용하여 서서히 위성을 정지궤도상의 최종적인 위치로 올릴 수 있었다. 이 작업은 2003년 3월에 성공리에 완수되었다.

이온 엔진 우주선으로 소행성을 막는 방법

이온 엔진의 추력은 작다. 대신에 지구에서부터 우주로 운반해야 할 질량이 아주 작다는 건 이온 엔진의 굉장한 이점이 아닐 수 없다. 이런 엔진을 지구와 충돌할 궤도에 있는 소행성으로 보내는 일도 가능할 것이다. 하지만 이온 엔진이 실린 우주선으로 소행성을 미는 일은 없을 것이다. 엔진을 소행성 표면에 고정시켜서 소행성을 미는 방법은 엄청난 기술적 노력과 비용이 들어가며, 현지에 우주 비행사를 투입하지 않고는 불가능하다.

또한 우주선을 소행성에 착륙시켜 소행성을 밀려면 그것의 정확한 형태를 측정하고 구성 성분을 분석할 뿐 아니라, 소행성 표면의 상태도 점검해야 할 것이다. 즉 소행성 방어에 본격적으로 돌입하기 전에 소행성에 대한 상세한 탐사 작업이 이루어져야 할 텐데 그러기에는 또 시간이 부족할 것이다. 하지만 굳이 소행성에 착륙할 계획이 없다면 반드시 정확한 탐사를 하지 않아도 된다. 즉 우주선을 그냥 소행성 가까이에 '세워놓고' 나머지는 중력이 알아서 하게 할 수도 있는 것이다.

질량을 가진 모든 물체는 질량을 가진 다른 물체를 끌어당긴다. 우주선과 소행성도 서로 끌어당기며 시간이 흐르면서 점점 서로 가까워지다가 어느 순간 서로 충돌하게 된다. 하지만 중간에 우주선을 약간 '움직이면' 소행성은 마치 보이지 않는 밧줄에 끌려오듯 우주선을 따라올 것이다. 이런 밧줄 역할을 하는 것이 바로 두 천체 사이에 작용하는 중력이다. 이 모든 일을 의도적으로, 그리고 신중하게 한다면 이런 '견인선'은 지구와 충돌할 궤도상에 있는 소행성을 움직여 충돌을 피하게 할 수 있다.

2006년 아폴로 우주 비행사 러셀 슈바이카르트Russel Schweickart가 천문학자 클라크 채프먼Clark Chapman, 댄 더다Dan Durda, 피어트 헛Piet Hut과 함께 계산한 바에 따르면 딥 스페이스 1호의 이온 엔진은 단 20일 만에 소행성 아포피스를 충돌 궤도에서 벗어나게 할 만큼 견인할 수 있었을 것이다. 궤도 변경 작업을 일찍 시작할수록 소행성을 조금만 끌어당겨도 된다. 2004년 아포피스의 발견 직후에 해당하는 미션을 시작했다면 10킬로그램의 연료와 그에 상응하는 이온 엔진으로 2029년의 충돌을 막을 수 있는 것이다.

우주 비행에 대한 새로운 관점

소행성을 막는 방법은 여러 가지다. 지금까지 소개한 방법 외에도 많은 아이디어들이 있다. 아주 복잡하고 어려운 것도 있고, 간단하며 원칙적으로 기존의 수단을 통해 실행 가능한 것들도 있다. 그러나 만약 실제로 얼마 안 있어 지구와 충돌하게 될 소행성을 발견한다면, 우리가 취할 수 있는 조치는 별로 없다. 우리는 이론적으로는 어떻게 해야 하는지 알고 있지만, 실제로는 그 어느 것도 시험해본 것이 없다. 그러므로 거의 무방비 상태로 위험을 맞게 될 것이다.

전 지구적 불행을 초래하게 될 커다란 소행성의 경우는 대비할 수 있는 시간이 그나마 긴 편이다. 그러나 현재 우리가 막을 수 있는 자연 재해들에 대해 믿을 만한 방어 시스템을 갖추고자 한다면 심각한 경우가 발생하기까지 기다려서는 안 되고 실제적인 대비를 해야 한다.

과학자들과 항공우주기구들은 계속하여 소행성 방어 시나리오를 실제에 적용해볼 수 있는 우주 미션들을 제안하고 있다. 2005년에 제안된

'돈키호테' 작전도 바로 그런 예다. 돈키호테 작전은 두 개의 우주 탐사선을 소행성으로 보내고자 한다. 딥 임팩트 호를 템펠 1 혜성에 보냈던 것과 똑같이 진행될 예정이다. 즉 탐사선의 한 부분은 초속 약 10킬로미터의 속도로 직경 500미터 정도의 소행성과 충돌하고, 다른 부분은 멀찌감치 안전거리를 둔다. 그리고 이러한 충돌이 소행성 궤도를 얼마나 변화시키는지를 측정하는 것이다. 딥 임팩트와 달리 돈키호테 작전에서는 이런 궤도 변경 미션에만 완전히 집중하여, 충돌체로 충격을 가할 때 원하는 효과를 얻기 위해서 어떤 요소들이 필요한지를 연구하게 될 것이다.

그러나 돈키호테 작전 역시 아직 계획 단계에 머물러 있다. 그 이유는 소행성의 운동 변화를 정확히 측정하는 게 매우 어렵기 때문이다. 그리하여 유럽우주국은 버전을 약간 달리하여 'AIDAAsteroid Impact & Deflection Assessment'라는 이름의 프로젝트를 계획하고 있다.

이 프로젝트에서 학자들은 일반적인 소행성이 아닌, 이중 소행성에 탐사선을 보내고자 한다. 목표로 하는 소행성은 크고 작은 두 개의 천체로 이루어진 디디모스와 디디문이며, 큰 것은 직경 800미터이고 작은 천체는 직경이 약 150미터다.[28] 메릴랜드의 존스홉킨스대학교의 지휘하에 건조될 'DARTDouble Asteroid Redirection Test'라는 이름의 탐사선은 이 중

28 이런 이중 소행성은 드물지 않다. 곳곳에서 이중 소행성들을 발견할 수 있다. 이중 소행성은 대부분은 어느 소행성의 회전 속도가 높아지면서 생겨난다(회전 속도가 높아지는 것은 가령 태양의 복사압이 태양 돛이 없이도 소행성을 움직일 수 있기 때문이다). 회전하는 힘이 강해지면 천체를 구성하는 부분들이 서로 분리된다.

작은 천체인 디디문과 충돌할 예정이다. DART의 충돌은 디디문의 공전 궤도와 속도를 변화시킬 것이고, 또 이런 변화는 상대적으로 정확히 측정될 수 있을 것이다.

유럽우주국은 이를 위해 또 하나의 작은 위성 AIMAsteroid Impact Monitor을 건조하여 디디모스의 공전궤도로부터 충돌을 추적할 예정이다. 모든 것이 계획대로 진행된다면, DART는 2022년 10월 디디모스의 위성인 디디문에 충돌하게 될 것이다.

그러나 프로젝트가 제때 실행되지 못하고 연기되다가 아예 취소되어 버릴 가능성도 없지 않다. 우주 비행은 비용이 많이 들고, 어디에선가 예산을 줄이고자 하는 정치인들의 좋은 표적이 될 수 있기 때문이다. 특히나 소행성 충돌처럼 우리가 일상에서 별다른 위험을 느끼지 못하는 안건인 경우는 더욱 그러하다. 신형 전투기를 도입하거나 테러 방어 체계를 구축하는 일이 기초 연구에 대한 장기적인 투자보다 더 다급한 것으로 여겨지는 것이다. 소행성이 언젠가는 반드시 지구에 위험으로 다가올 것이 분명할지라도 말이다.

소행성에 대해 믿을 만하고 안전한 방어 체계를 구축하고자 한다면, 우리에겐 선택의 여지가 없다. 본격적으로 우주 비행을 시작해야 한다. 현재 시행하고 있는 것을 넘어서서, 몇몇 위성을 지구와 가까운 궤도로 보내거나 간혹 다른 천체로 무인 우주선을 보내거나 하는 정도에 그치지 않고 그 이상으로 나가야 한다.

지금은 우주로 뭔가를 보낼 때마다 계획하고 따지고 재는 세월이 너무 많이 걸린다. 미션마다 수년간의 준비 작업을 들이지 않고, 신속하게 우주 비행을 할 수 있는 능력을 갖추어야 한다. 우주 비행에 대한 새로운 콘셉트가 필요하다. 놀랍게도 여기서 소행성은 우리를 도울 수 있다. 소행성은 잠재적인 재앙을 불러올 수 있을 뿐 아니라, 우주로 나아가는 다리가 되어줄 수도 있기 때문이다.

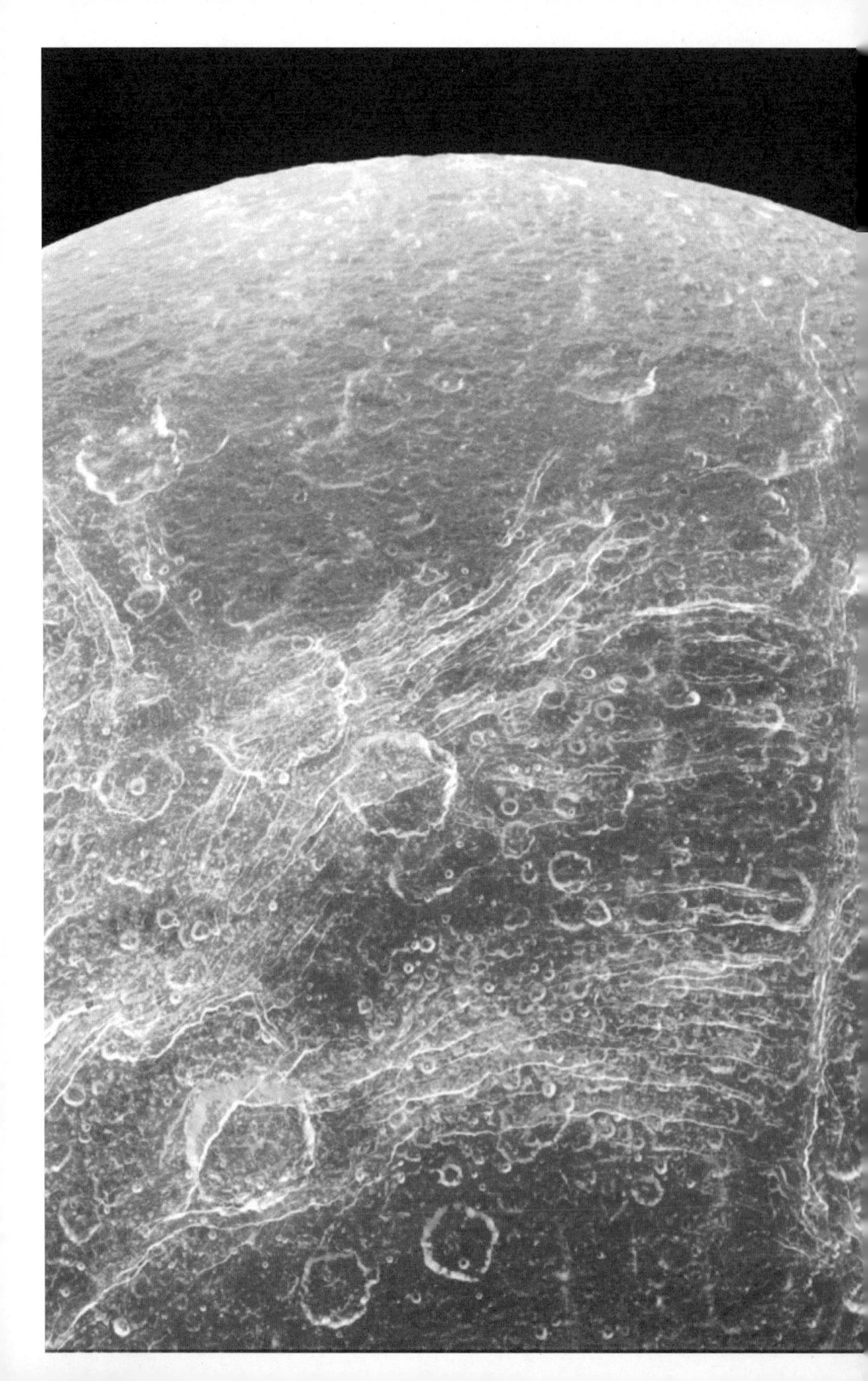

Part 2 소행성과 지구

5장

소행성은 어떻게 지구를 도울 수 있을까?

'이온 엔진', '태양 범선'과 같은 소행성 충돌을 막기 위한 기술들은 인류가 소행성을 이용할 수 있게 하는 기술이기도 하다. 이런 기술들을 통해 인류는 소행성의 자원을 활용해 조금 더 쉽게 우주개발을 할 수 있을 것이다. 그리고 필요하다면 소행성에 광산을 만들거나, 보급소를 건설할 수도 있을 것이다. 소행성은 더 먼 우주로 나아가고 싶어 하는 인류에게 다리가 되어줄 수도 있다.

여전히 우주를 날아다니고 있는 '금속' 소행성

1984년 1월, 미국의 탐험가 로버트 피어리Robert Peary는 좌절했다. 그 달에 그는 세계 최초로 북극점에 도달하고자 두 번이나 시도했으나, 그린란드 북서쪽에서 약 200킬로미터 전진한 뒤 후퇴할 수밖에 없었다. 강한 폭풍과 엄청난 추위, 질병이 피어리로 하여금 탐험을 중단하게 만들었다. 하지만 피어리는 아무 성과도 없이 고향으로 복귀하고 싶지는 않았다. 그래서 예전에 선배에게 들었던 이야기를 떠올렸다. 1818년 스코틀랜드의 탐험가 존 로스John Ross는 북극 지방을 탐험하던 중 고립된 이누이트 마을을 발견하고는 그곳을 '북극의 고원'이라고 칭했다. 그런데 놀랍게도 이곳 사람들은 철을 사용하고 있었다. 그때까지 전혀 바깥 세계와 접촉이 없었는데도 말이다. 대체 그린란드 어디에서 철을 구할 수 있었단 말인가.

이누이트들은 로스에게 그들이 '철의 산'으로부터 이 금속을 가져온다고 했다. 하지만 그 이상은 알려주려 하지 않았다. 로스 이후 후배 탐험가들은 주로 북극점으로 경주를 하는 데만 신경을 썼지, 이런 수수께끼 같은 이야기에는 더 이상 관심을 갖지 않았다. 하지만 탐험에 실패하여 남아도는 시간을 확보하게 된 피어리는 그 이야기를 상기해내고 이누이트들에게 철이 어디서 나는지 알려달라고 졸라대기 시작했다. 그러고는 급기야 이누이트들의 인도를 받아 '철의 산'에 갈 수 있었다.

그곳에서 피어리는 그린란드의 얼음 속에 놓여 있는 세 개의 커다란 운석을 발견했다. 그중 가장 큰 것은 길이가 3미터가 넘었고 무게는 31톤이었다. 이누이트들은 이것을 '아니기토(텐트)'라 불렀다. 그 옆에는 '여자'라 불리는 3톤짜리 운석이 놓여 있었으며, 또 다른 쪽에 있던, '강아지'라는 별명이 붙은 가장 작은 운석은 400킬로그램 무게였다. 이 모든 운석은 철로 되어 있어서, 이누이트들은 수백 년째 연장이나 무기를 만드는 데 이를 이용해오고 있었다.

금속이 필요하면 서구 탐험가들과 무역을 통해 충족시키면 된다는 미명하에 피어리는 곧장 이런 운석들을 자신의 배로 옮겨서는 미국으로 실어왔다. 그리고 4만 달러를 받고 워싱턴 스미스소니언 박물관에 팔아넘겼다. 지금도 그곳 박물관에 가면 그린란드에 있던 운석들을 볼 수 있다. 아니기토 운석은 지금까지 지구에서 발견된 운석 중 세 번째로 큰 것으로, 약 1만 년 전 북그린란드 멜빌 만 상공에서 폭발했던 200톤 무게의 철 운석의 일부이다.

학자들은 이때 분해된 운석에서 나온 다른 조각들도 발견했다. 하지만 극지방 사람들만 이처럼 오래전에 우주에서 떨어진 철로부터 무엇인가를 얻었던 것은 아니다. 약 7000년 전 초기 문명 사회에서도 역시 청동 같은 금속들을 가공할 줄 알았다. 철이 대규모로 채굴, 이용되기 시작한 것은 약 3000년 전부터다. 그 전에는 운석 발굴물들이 유일하게 인간에게 주어진 금속 공급원이었다.

이제 우리는 금속들을 지각에서 직접 채굴할 수 있다. 그러나 곧 소행성이 인류의 중요한 원료 공급원으로 떠오를지도 모른다. 물론 우리가 가만히 앉아 소행성이 지구로 떨어지기를 기다려서 될 일은 아니다. 우리가 우주를 찾아가야 한다.

우주에서 채취하는 원료

어쩌면 금속과 기타 원료들을 지구가 아닌 저 바깥 우주에서 채취해야 한다는 말이 약간 이상하게 느껴질 수도 있다. 소행성은 기본적으로 돌과 다르지 않고, 우리 지구를 이루는 것과 다른 물질이 아닐 것이기 때문이다. 어쨌든 지구는 45억 년 전에 무수한 소행성들의 충돌을 통해 탄생하지 않았던가. 그렇다면 소행성에 있는 모든 것은 지구에도 있을 것이다.

사실이 그러하다. 우주에는 무슨 신비한 기적의 원소들이나 미지의 금속들이 있는 것이 아니다. 운석의 철은 지구의 지각에서 채굴할 수 있는 것과 대략 같은 것이고, 나머지 원소들도 마찬가지다. 하지만 분포 정도, 접근성, 얻은 원료를 어떤 목적으로 사용할지 등이 문제가 된다.

철은 지표면에서 희귀한 원소는 아니다. 지구의 거의 29퍼센트가 철로 이루어져 있기 때문에, 철은 산소(32퍼센트) 다음으로 지구상에서 흔한 원소이다. 지구의 핵은 약 2500킬로미터 직경의 어마어마한 구이며, 주로 철과 니켈로 이루어져 있다. 하지만 우리 발 아래로 거의 5000킬로미터 이상 깊은 곳에 있는 이런 금속은 아무리 많아도 우리에게는 접근 불가능한 것들이다. 그리하여 우리는 지구의 가장 바깥층인 지각에 있는 철에 의존할 수밖에 없다. 지각에서 철이 차지하는 비중은 훨씬 더 작아서 모든 원소의 약 5.6퍼센트에 불과하다.

다른 금속도 형편이 비슷하다. 금이 그토록 인기가 있는 것은 굉장히 희귀하기 때문이다. 지각에서 금이 차지하는 비율은 0.0000007퍼센트밖에 되지 않는다. 지구 전체로 따지면 비율이 이보다 1000배는 올라가지만, 대부분의 금은, 대부분의 철이 있는 곳, 즉 지구핵에 존재한다. 백금, 이리듐, 다른 희귀 금속들도 마찬가지다. 45억 년 전 탄생 당시 지구는 암석과 금속이 녹아 액체 상태로 된 구였다. 이때 철, 니켈, 금 같은 무거운 원소들은 밑으로 가라앉아 아래쪽에서 금속 핵을 이루었다. 핵 주변으로 맨틀이 생겼으며, 비교적 가벼운 암석으로 된 지각이 생성되었다. 그래서 지각에는 금속이 몰려 있지 않고 산발적으로만 존재한다.

지구와 같은 천체에서 시간이 흐르면서 무거운 원소와 가벼운 원소들이 서로 분리되는 것을 '분화'라고 한다. 분화가 일어나려면 천체가 어느 순간 매우 뜨거워져야 한다. 지구는 몸집이 상당하며, 지구 같은 천체가 형성되기 위해서는 오랜 세월에 걸쳐 다수의 작은 천체들이 서로 충돌해야 했다. 이것만으로도 분화를 가능케 하는 높은 온도가 조성되기에 충분했다. 그 외에 방사성도 중요한 역할을 했다. 지구 내부에는 많은 천연 방사성 원소들이 존재하는데 이 원소들이 분열하면서 열을 만들어 내는 것이다. 훨씬 더 작은 소행성들에서는 그 구성에 방사성이 훨씬 더 중요한 역할을 했다.

아주 먼 옛날에는 오늘날 태양계가 있는 곳에 가스와 먼지로 된 거대한 구름밖에 없었다. 그러다가 이런 구름이 중력으로 말미암아 서로 뭉치기 시작했고, 구름의 중심부는 질량으로 인한 압력 때문에 엄청나게 뜨거워졌다. 너무나 뜨거워진 나머지 원자들이 대량으로 충돌을 일으키며 융합되어 새로운 원자들이 생성됐다. 이런 핵융합 과정에서 빛과 열이 생겨났고, 드디어 태양이 탄생했다. 그러나 가스와 먼지의 일부는 여전히 남았다. 막 탄생한 태양 주변으로는 시야가 흐렸을 것이다. 곳곳에 태양 생성에 참여하지 못하고 남은 물질들이 돌아다녔기 때문이다. 가벼운 기체 입자들은 빠르게 움직였다. 그러나 무거운 먼지 입자들은 느리게 움직이며 계속 서로 충돌하고 서로 뭉칠 수 있었다. 그리하여 차츰 이런 미세한 먼지 입자들로부터 큼직한 암석이 생겨났고, 어느 순간 덩치가 커졌다.

이들이 바로 행성의 재료가 된 '미행성planetesimal'들이다. 이들 역시 서로 충돌하여 더 커다란 천체로 합쳐졌다. 미행성들 중 가장 큰 것들은 결국 쉽게 날아가버릴 수 있는 가스를 붙들어놓을 수 있을 정도로 무거워졌다. 그리하여 두터운 대기를 가진 목성이나 토성 같은 커다란 가스 행성이 탄생했다. 반면 더 규모가 작은 미행성들은 화성이나 지구처럼 딱딱한 표면을 가진 암석 행성이 되었다.[29] 처음에 커다란 우주 구름 속에는 원소들이 어느 정도 균일하게 분포되어 있었다. 그런데 행성들이 탄생하면서 이런 통일성은 무너져버렸고, 원래의 물질들은 오늘날 소행성에서만 찾을 수 있다. 모든 미행성들이 행성을 이루는 데 사용된 것은 아니기 때문이다. 그들 중 몇몇은 더 커다란 천체를 이루는 데 참여하지 못했다.

오늘날 가장 커다란 행성인 목성은 생성되는 동안에 다른 행성들보다 훨씬 더 빠르게 불어났다. 그리고 상당한 질량으로 인해 주변에 더 커다란 중력적 방해를 행사해서 자신과 가까운 곳에서는 행성이 형성되지 못하게 했다. 오늘날 그곳에는 아직도 45억 년 전과 동일한 암석들이 돌아다니고 있다. 그래서 '하늘 경찰' 같은 단체도 태양계에 있어야 할 것 같은 행성을 찾아 헤매다가 헛수고를 하고 소행성들만 수두룩하게 발견했던 것이다.

세레스처럼 커다란 소행성은 거의 행성이 될 뻔했다. 피아치가 발견한 이 소행성은 어쨌든 직경이 900킬로미터가 넘는다. 그러나 그것만으로는 행성으로 공식 등극하기에 부족하다.[30] 한편 세레스 안에는 방사성 물질이 충분히 모여 있으며, 내부는 금속 핵이 형성될 수 있을 만큼 뜨거워졌다. 오늘날 작은 소행성들은 여전히 태양계의 원래 물질과 동

29 별과 행성의 탄생에 대한 이야기는 내가 쓴 책 《새로운 하늘의 발견》에 자세히 소개되어 있다.
30 무엇보다 세레스는 공식적으로 행성으로 인정받을 만큼 주변의 전체 물질들을 자기에게 편입시키지 못했다. 그래서 행성의 지위에는 오르지 못했다.

일한 구성을 보이는 반면, 더 커다란 소행성의 원소들은 지구처럼 분화되어 있는 것이다. 하지만 소행성은 —지구와는 달리— 다른 소행성들과 충돌하여 완전히 분해될 수 있다. 그리고 그런 충돌은 소행성대에서 흔한 일이다.

그린란드의 아니기토와 같이 철로 된 운석들은 예전에 커다란 소행성의 핵이었던 것이 틀림없다. 오래전에 커다란 소행성이 파괴되고, 그 파편이 나중에 지구로 떨어졌다. 그러나 그들 중 더 많은 것은 여전히 우주를 날아다니고 있다. 따라서 우주에서는 지구에서보다 훨씬 더 직접적으로 원료에 접근할 수 있다. 우리에게 필요한 원료를 채굴하기 위해 지구핵에 접근하는 것은 불가능하다. 그러기 위해서는 밑으로 몇천 킬로미터를 파고들어가야 할 것이며, 섭씨 5000도가 넘는 온도를 만나게 될 것이다. 지금까지 인류가 파내려간 가장 깊은 시추공은 12킬로미터[31]의 것으로 그곳의 온도가 이미 180도에 달하는 바람에 작업을 중단해야 했다.

그러나 우주에서는 이전에 더 커다란 천체의 핵을 이루고 있었던 금속 소행성에 직접적으로 접근할 수 있다. 규모가 더 작아서 분화가 이루어지지 않은 소행성들에도 금속과 다른 원료들이 거의 균등하게 분포되어 있지만, 그럼에도 불구하고 지구에도 버젓이 있는 몇몇 금속 따위를 모아오기 위해 우주로 날아간다는 생각은 언뜻 보면 불필요하게 복잡하

31 러시아 콜라 반도의 콜라 슈퍼딥(초깊이) 시추공은 1989년에 1만 2262미터까지 이르렀다. 하지만 그래봤자 지각의 3분의 1 정도에 불과했다.

고 비용이 많이 드는 일인 것 같다. 그런 금속들을 채굴하기 위해서는 지구에서 힘들게 땅을 파야 할지도 모르지만, 그렇게 하는 것이 우주에서 채굴을 해오는 것보다는 더 간단하지 않을까?

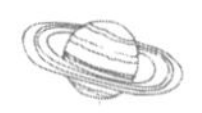

지금보다 저렴하게, 더 쉽게 우주를 향해할 수 있다

우주에서 채굴해온 원료로 무엇을 할 것인가? 우주에서 철을 채굴해서 지구로 가져온다면 정말 불필요하게 돈과 노력을 낭비하는 일이 될 것이다. 다른 원료들도 마찬가지다. 적어도 아직은 지구상에 충분히 존재하고 채굴할 수 있는 것을 굳이 우주에서 수송해오는 것은 전혀 채산성이 없는 일이다. 하지만 그 원료들을 우주 자체에서 소화한다면 이야기는 급격하게 달라진다. 인공위성 등 현재 지구 밖에 존재하는 모든 인공 물체는 모두 지구에서 얻은 물질로 건조된다. 우주선의 나사 하나하나가 전부 지구에서 채취한 금속으로 되어 있으며, 창문 역시 지구의 유리로 만들어진다. 로켓 연료도 다 지구에서 생산한 것이고, 우주 비행사들이 먹는 음식도 모두 지구의 부엌에서 준비한 것들이다. 이 모든 것을 지상으로부터 우주까지 수송하는 데는 엄청난 노력과 비용이 들어간다.

현재 우주에서 인간이 머물 수 있는 유일한 장소는 바로 국제우주정거장 ISS다. 그곳은 그리 멀지 않아서 우리 머리 위로 약 400킬로미터 정도만 날아가면 된다. 지표면에서 이런 거리쯤 나아가는 것이야 식은 죽 먹기다. 자동차로 몇 시간 정도 달리면 되고 많은 짐도 문제없이 실어 나를 수 있다. 하지만 지표면에서 이동하는 것이 아니라, 우리 머리 위로 곧장 날아가야 한다면 문제는 달라진다. 지구의 인력을 극복하려면 무척 빠른 속도로 지구를 떠나야 한다. 지구의 공전궤도에 진입하려면 최소 시속 2만 8476킬로미터의 속도로 날아가야 한다.[32]

이런 빠른 속도를 내려면 값비싼 연료를 엄청나게 많이 들여야 한다. 우주선이 무거울수록 연료도 많이 필요하다. 탑재량이 1킬로그램 늘어날 때마다 비용도 그만큼 추가된다. 킬로그램당 몇만 유로의 비용이 들기 때문에, 불필요한 중량을 실어 나르지 않도록 무척 고심해야 한다. 현재 우주정거장으로 물품을 가장 싸게 수송하는 것은 러시아의 무인 우주 화물선 '프로그레스Progress'이다. 이 우주 화물선은 2300킬로그램의 적재량을 우주로 실어보낼 수 있으며, 킬로그램당 소요되는 비용이 약 1만 3000유로다. 2011년 퇴역한 미국의 스페이스 셔틀은 더 비싸서, 1킬로그램당 약 3만 5000유로가 소요되었다. 이것은 일본의 무인 화물

32 우주선이 출발할 때 지구의 자전 속도를 활용하면 속도를 약간은 줄일 수 있다. 모든 물체는 지구와 더불어 지구의 자전축을 중심으로 회전하고 있기 때문이다. 적도에 가까워질수록 더 빠른 속도로 말이다. 그러므로 적도 가까운 곳에서 지구 자전 방향으로 우주를 향해 날아가면, 지구의 자전 속력을 활용할 수 있고 추진력을 약간 줄일 수 있다. 그 때문에 대부분의 대규모 로켓 발사장도 적도 가까이에 위치해 있다.

우주선 HTV로 수송하는 비용과 거의 맞먹었다. 가장 비싼 경비가 소요되는 것은 유럽우주국의 우주 화물선 ATV다. 수송하는 데 드는 비용이 킬로그램당 약 4만 3000유로다. 마지막에 이런 우주선은 재활용되지 못하고 대기권에 재진입하면서 불에 타 폐기된다. 최근 민간 업체가 발사하는 수송선들의 경우 킬로그램당 9만 유로의 비용이 든다(업체들은 앞으로는 가격을 많이 내릴 수 있으리라고 약속하고 있지만 말이다).

지상에서는 불과 얼마 되지 않는 돈을 들여 수돗물을 공급받을 수 있지만, 우주에서는 마실 물 1리터를 얻는 데 1만 유로가 들어간다. 이런 물을 비교적 가까운 우주정거장이 아니라, 정지궤도 위성이 위치한 3만 6000킬로미터 상공, 혹은 그보다 더 높이 달 표면이나 먼 우주에서 마시려고 한다면 비용은 어마어마하게 추가된다.

우주 비행은 엄청나게 돈이 많이 드는 사업이다. 우리 인간들이 현재 느린 걸음으로 우주로 향하고 있고, 거대한 우주정거장이나 다른 행성의 거주지를 세우는 것 같은 몇십 년 된 꿈들이 아직 실현되지 않고 있는 것은 무엇보다 이렇게 뭔가를 우주로 수송해야 할 때 비용이 너무나 많이 들기 때문이다.

우주 비행을 돕는 근지구 소행성

이에 대해 소행성은 도움을 줄 수 있다. 물론 원료를 우주에서 채굴하는 것은 지구에서 채굴할 때보다 비용이 훨씬 많이 들 것이다. 그러나 우주에서 사용할 원료를 지구로부터 무지막지한 비용을 들여 우주로 수송하지 않고, 그냥 우주에 있는 것으로 사용한다면? 지금까지 우리가 사이언스 픽션에 나오는 것으로만 알고 있던 것들을 우주에 실제로 건설하기 위해 필요한 재료들이 있을 텐데, 그러한 재료들을 소행성 광산을 통해 대량으로 공급받을 수 있을 것이다.

보유하고 있는 원료 값으로 평가한다면, 우주에 돌아다니는 암석 덩어리들은 진정한 금광이라 할 수 있다. '플래니터리 리소시스Planetary Ressources'가 추진하는 프로젝트 '애스터랭크Asterank'는 980미터 크기의 소행성 1999JU3의 가치를 약 700억 유로로 평가했으며, 그로써 260억 유로의 이윤을 낼 수 있을 것으로 전망했다.[33] 이 소행성은 현재 원료 채굴 미션의 가장 유력한 후보다. 물론 값비싼 원료를 더 많이 가지고 있는 더 커다란 천체들도 있다. 그러나 여기서 문제가 되는 것은 원료의 가치만이 아니다. 원료를 얻으려면 소행성에 도달할 수 있어야 한다. 여기서 소행성 도달에 중요한 역할을 하는 '델타 VDelta-v'라는 단위를 살펴볼 필요가 있다.

델타 V란 지구가 태양 주위를 공전하는 속도와 소행성의 공전 속도 간의 차이를 말한다. 우주선을 소행성에 착륙시키려면 소행성과 같은 빠르기로 운동하다가 자연스레 착륙해야 하는데, 이때 델타 V가 클수

33 그러나 아직 대부분의 소행성은 구성 성분에 대해 잘 알려져 있지 않다. 또한 원료의 시장 가격도 계속해서 변동하며, 우주에서 이런 원료를 활용하는 경우 달성할 수 있는 이익에 대해서도 기껏해야 대략적으로 추산할 수밖에 없다. 따라서 애스터랭크 측에서도 인정하듯, 이런 수치를 곧이곧대로 받아들여서는 안 된다.

록, 우주선을 가속시키거나 감속시키는 데 필요한 연료가 더 많이 소요된다.

화성궤도와 목성궤도 사이의 소행성대에는 원료 가격으로만 따지면 몇천 조 유로의 가치가 있는, 몸집이 크고 금속이 풍부한 행성들이 존재한다. 그러나 그들은 지구에서 너무 멀리 있기 때문에, 그들과 지구 사이의 델타 V는 크다. 그러므로 지구 가까이에 있는 소행성들로 날아가 광물을 채굴하는 편이 비용은 더 적게 든다. 근지구 소행성을 방문하면 두 마리 토끼를 한꺼번에 잡을 수도 있다. 지구 주변의 천체들을 소상하게 알게 되면 혹시 있을지도 모르는 충돌에 대해서도 더 잘 알 수 있을 테고, 충돌의 위험이 있는 경우 그 천체의 구성과 표면 구조를 알면 적절한 방어 대책도 더 잘 세울 수 있을 것이다. 우리가 이미 현지에 가 있을 경우에는, 충분히 궤도를 변경시킨 소행성을 해체시켜 그 자원을 다른 프로젝트에 사용할 수도 있다.

그러므로 소행성 방어 체계를 개선하는 동시에 지금보다 더 저렴하게, 그리고 더 쉽게 우주 비행을 하기 위해서는 근지구 소행성을 활용할 수 있다. 소행성에는 더 쉬운 우주 비행을 위해 필요한 모든 것이 있기 때문이다.

그러나 이를 위해서는 일단 적절한 소행성들을 찾아내야 한다. 지구에서 볼 때 모든 소행성은 그냥 광점光點(빛의 점)으로밖에 보이지 않는다. 언뜻 보기에는 그런 광점들이 금속을 많이 함유한 천체의 것인지, 그렇지 않은지 분간할 수가 없다. 그렇다고 우주선을 타고 이 소행성에서 저 소행성으로 날아다니면서 차례차례 조사하는 것은 기술적으로나 경제적으로나 가능하지 않은 일! 하지만 방법이 없지는 않다. 작은 천체로부터 우리에게 도달하는 빛을 학문적으로 정확히 분석하면 최소한 그 구성은 어느 정도 알 수 있다.

가령 금속 소행성이 방출하는 열복사는 암석으로 이루어진 소행성이 방출하는 것과는 다르다. 하지만 우주로부터의 열복사를 지구에서 관찰하기는 힘들다. 대부분은 지구 대기 중의 수증기에 흡수되어버리기 때문이다. 이런 열복사를 관찰하기 위해서는 4장에서 언급했던 와이즈와 같은 우주 망원경이 필요하다.

이런 관측을 통해 지금까지 상당히 많은 양의 금속을 함유하고 있는 것으로 보이는 소행성 몇십 개가 확인되었다. 1986DA도 그중 하나다. 1986DA 소행성에 금속이 많이 함유되어 있다는 사실은 열복사를 통해서가 아니라 그 소행성이 전파를 반사하는 방식을 통해 알려졌다. 지구의 커다란 전파망원경으로부터 우주의 소행성 방향으로 레이더파를 쏘고 반사되어 돌아오는 전파를 수신할 수 있는 것이다. 물론 이것은 소행성이 비교적 가까운 거리를 두고 지구를 스쳐가는 경우에만 가능하다. 그리고 1986DA는 다행히 그런 경우였다.

관측에 따르면 이 소행성은 놀라울 정도로 많은 전파를 반사하는데, 이는 금속 함유량이 높다는 것을 암시한다. 학자들은 이 소행성이 주로 철과 니켈로 구성되어 있고, '백금(플래티늄)족' 금속도 소량 포함하고 있을 것이라고 보고 있다. 백금뿐 아니라, 반도체에 쓰이는 팔라듐, 컴퓨터 하드디스크를 만드는 데 필요한 루테늄과 같은 귀금속도 백금족 금속에 속한다.

물론 1986DA의 전체 질량에서 백금족이나 다른 귀중한 광물 자원이 차지하는 비율은 매우 낮다. 하지만 이 소행성의 직경이 2킬로미터가 넘고 무게도 몇십조 킬로그램에 이르는 것을 감안하면 절대적인 양은 상당하다고 할 수 있다. 학자들은 이 소행성에서 채취할 수 있는 광물 자원이 철 100억 톤, 니켈 10억 톤, 금은 최소 1만 톤, 백금 10만 톤에 이를 것으로 추산하고 있다.

지구의 연간 금 채굴량은 약 2700톤이며, 백금 채굴량은 200톤에 불과하다(백금족 금속 전체 채굴량은 연간 약 450톤이다). 그러므로 소행성 1986DA 하나만 해도 연간 지구 귀금속 생산량의 몇 배를 보유하고 있다고 할 수 있다. 이 소행성에 있는 금과 백금만 따져도 현재의 시가로 거의 4000조 유로에 해당한다!

그러니 이보다 더 커다란 소행성들이 보유한 자원은 족히 몇십억 조 유로에 이를 것으로 전망된다. 1장에서 언급했던 직경 40미터짜리 소행성 2012DA는 1986DA와 달리 금속 소행성도 아니지만, 그 소행성이 보유한 광물 자원의 가치만 해도 약 1500억 유로로 추산되고 있다. 그러므로 암석 소행성에서 찾을 수 있는 자원의 양은 상당하다고 하겠다.

소행성 안의 얼음에 주목하라

사실 소행성 채굴과 관련하여 즐겨 언급되곤 하는 이런 어마어마한 자산 가치를 곧이곧대로 받아들여서는 안 될 것이다. 언젠가 소행성에서 금, 백금, 다른 귀금속을 대량으로 채취하여 지구로 수송해오는 것이 가능해진다면 이런 금속 가격 역시 하락할 게 아닌가! 원료가 많아지면 오늘날 원료 시장에서 부르는 값대로 주고 살 사람은 없을 테니까 말이다. 물론 금이나 백금이 갑자기 가치가 없어지지는 않겠지만, 그런 귀금속이 흔해진다면 그것은 더 이상 귀중한 장신구나 국제 통화로 활용되지 않을 것이다. 대신 새로운 활용 가능성이 발견될 것이다.

역사적으로 알루미늄이 그런 과정을 겪었다. 알루미늄은 지각에서 많은 비율을 차지하는 금속(산소와 규소 다음으로 세 번째로 흔한 원소)임에도 1808년에야 영국의 화학자 험프리 데이비Humphry Davy에 의해 그 존재가 확인되었다. 그러나 험프리 데이비는 알루미늄의 존재를 입증하기는 했지만 순수한 알루미늄을 얻는 데는 실패했고, 1825년에 덴마크의 물리학자 한스 크리스티안 외르스테드Hans Christian Oersted가 최초로 알루미늄을 제련해냈다. 하지만 알루미늄을 제련하는 방법이 매우 복잡하여 생산량이 너무나 적었기 때문에, 알루미늄 값이 금 값을 훨씬 초월하는 형국이 벌어졌다. 은빛으로 빛나는 알루미늄의 생산량은 당시 금 생산량의 1000분의 1밖에 되지 않았던 것이다.

알루미늄의 지위는 그것의 쓰임새에도 반영되었다. 몸값이 높았던 시절, 알루미늄은 장신구나 고급 식기 등 부자들을 위한 사치품의 재료로만 사용되었다. 19세기 중반 미국인들은 초대 대통령 조지 워싱턴 기념탑을 건립하면서, 2.85킬로그램의 순수 알루미늄으로 피라미드를 만들어 170미터 높이의 오벨리스크 위에 얹기도 했다.

1859년에야 비로소 프랑스의 화학자 앙리 에티엔 드빌Henri Etienne Sainte-Claire Deville이 대폭 개선된 제련법을 발표하여, 알루미늄 생산은 훨씬 더 효율적이고 저렴해졌다. 가격이 대폭 하락한 알루미늄은 이제 사치스러운 것이 아닌, 대량 생산되는 원료가 되었다. 하지만 그렇다고 알루미늄이 쓸모없는 원료가 된 것은 아니다. 오히려 반대였다. 쉽게 구할 수 있게 된 만큼 여러 곳에 두루두루 쓰이는 유용한 원료로 변신한 것이다. 오늘날 알루미늄은 경량재로서 각종 차량이나 기계를 만드는 데 쓰이고 있으며, 전자공학과 광학에서도 유용하게 사용된다. 알루미늄 분말은 로켓 연료로 연소되기도 한다. 전에는 부자 중에서도 부자만이 확보할 수 있었던 물질이 이제는 콜라나 맥주 캔으로, 혹은 버터 빵을 싸는 호일로 가공되며 심지어 사용 후에는 (유감스럽게도) 대부분 아무렇게

나 버려지고 있는 것이다. 오늘날 알루미늄은 이전보다 가치가 많이 떨어졌지만 어쨌든 훨씬 더 유용한 재료가 되었고, 대량으로 제조되어 우리 문명 발전에 기여하고 있다.

지구에서는 소량만 채굴되는 원료를 언젠가 소행성으로부터 지구로 대량 반입할 수 있게 되면 알루미늄처럼 어떤 원료는 변신을 겪을 수 있다. 가령 희토류가 알루미늄과 비슷한 사례가 될 수도 있다. 희토류란 17가지 희귀 광물로, 이것들이 없으면 현대 기술이 버티지를 못한다. 연료전지, LCD나 플라즈마 모니터, 레이저, 촉매기, 유리섬유 케이블, 컴퓨터, 휴대폰 등에 희토류 금속이 들어간다. 하지만 희토류의 전 세계 연간 채굴량은 10만 톤 남짓이고, 거의 전부가 중국에서 생산된다. 즉 이 희귀하고 부가가치가 높은 금속을 전 세계가 중국 생산량에 의존하고 있는 것이다. 만약 이런 희토류가 대량으로 존재하는 우주로부터 이 금속들을 지구로 반입할 수 있다면 희토류의 가격은 하락할 것이며, 이것이 우리의 산업과 기술에 미치는 영향은 그야말로 지대할 것이다.

물을 추출해내는 방식

우주에 존재하는 자원을 지구의 산업을 위해 활용한다는 것은 사이언스 픽션에나 나올 법한 이야기로 들릴지도 모른다. 우주의 원료를 지구에 들여오려면 지구의 원료를 우주로 수송하는 것만큼이나 비용이 들기 때문이다. 문제는 우주 비행에 드는 비용을 낮추고 인류가 지금처럼 지표면 위 몇백 킬로미터에 머물러 있는 대신, 정말로 우주로 나아갈 수 있느냐 하는 것이다. 이와 관련해서 소행성의 금속들로부터 도움을 얻을 수 있다. 그곳에 존재하는 물 또한 도움이 될 것이다.

우리는 우주정거장이나 우주선을 건조하고, 다른 천체에 우주기지를 건설하고자 할 뿐 아니라, 언젠가는 인류를 우주로 보내고자 한다. 사람이 우주에 머무를 수 있으려면 숨 쉬기 위해 산소가 필요하며, 마실 물, 채소를 키울 물, 다양한 기계를 돌릴 연료도 있어야 할 것이다. 그런데 소행성 안의 얼음이 이 모든 것을 우리에게 공급해준다면 믿겠는가?

물론 소행성에 커다란 얼음 덩어리가 굴러다녀서 그냥 그것들을 모으기만 하면 되는 것으로 상상하면 커다란 오산이다. 얼어붙은 물은 소행성의 암석 속에 묻혀 있기 때문에 그것을 활용하기 위해서는 일단 추출을 해내야 한다. 다른 원료와 마찬가지로 얼음도 채굴해야 하는 것이다. 소행성의 물질을 모으고 부수고 가열한 다음, 거기서 발생하는 수증기를 받아 모으는 식으로 해야 한다.

4장에서 고출력 레이저를 사용해 소행성을 데워 궤도를 변경시킬 수 있다는 이야기를 했었다. 물도 이런 방식으로 추출해낼 수 있다. 추출한 물은 직접적으로 활용하거나, 그 구성 성분으로 분해할 수 있을 것이다. 물을 수소와 산소로 분해하여, 산소는 우주선과 우주정거장에서 숨 쉬는 데 필요한 공기로 사용하고 수소는 연료로 활용할 수 있다.

소행성에는 우리가 우주에서 필요한 모든 것이 존재한다. 우리는 그것들을 가져오기만 하면 된다. 사실 말은 쉽지만 결코 쉽게 실행할 수 있는 일은 아니다. 그래도 우리는 그동안 소행성에서 무엇을 발견할 수 있고, 그것들을 어떤 목적으로 활용할 수 있는지 알게 되었다. 소행성 채굴에 대한 계획들이 나오면서 투자자들은 우주 원료를 채굴해서 얻을 수 있는 이윤에 지대한 관심을 보이고 있다. 그러나 이 모든 것을 구체적으로 실행하기 위한 마스터플랜 같은 것은 아직 없다.

우주로 나아가기 위해서는 소행성을 거쳐야 한다

지금까지 우주선이 착륙했던 소행성은 손에 꼽을 정도다. 아니 정확히 말하면 두 개뿐이다. 2001년 미국항공우주국의 탐사선 니어 슈메이커NEAR Shoemaker 호가 소행성 에로스에 착륙했고, 2005년에는 일본의 우주 탐사선 하야부사가 소행성 이토카와와 랑데부했다. 이 외에도 여러 탐사선이 여남은 소행성의 근처까지는 가봤다. 경험이 전무한 것보다는 낫다. 소행성으로의 비행을 통해 많은 것들을 배우기도 했다. 그러나 이런 경험은 소행성의 원료를 활용하기 위한 제대로 된 준비 작업이라고 하기에는 아직 모자라다. 앞으로 이와 관련된 경험을 쌓아나가야 할 것이다.

인류는 우주 비행을 할 수 있기 훨씬 전부터 우주 정복을 꿈꾸었다. 처음에는 달이나 화성 같은 다른 천체로의 비행이 다양한 항공우주기구에서 가장 중요하게 생각하는 목표였다. 20세기 후반 구소련과 미국의 냉전은 이 두 나라로 하여금 우주 개발 경쟁에 나서도록 부추겼고, 결국 1969년 7월 유인 달 착륙이 가능해졌다. 다음 목표는 화성이었다. 그러나 달 착륙 이후 반세기에 걸쳐 많은 우주 탐사선이 화성을 향했음에도 불구하고, 인간은 아직 화성에 발을 디디지 못했다.

현재 유인 화성 탐사를 이루기 위한 여러 가지 계획들이 나와 있는 상태다(7장 참고). 하지만 이 계획들은 여전히 구체화되지 못하고 '미래의 언젠가'만 기약하고 있다. 최근의 예로 미국 대통령 버락 오바마는 2010년 미국항공우주국의 '컨스텔레이션 프로그램Constellation Program'을 중단시켰다. 미국의 전 대통령 조지 W. 부시가 2004년에 발족시킨 이 계획을 통해 2020년까지 인간을 달에 다시 보내고 이어서 화성에도 보낼 목표로 새로운 로켓과 우주선을 개발할 예정이었다.

그러나 이런 미션은 미처 계획 단계에 접어들기도 전에 재정적인 이유로 중단되었다. 이제 미국항공우주국은 다른 목표를 정해 나아가고 있다. 유인 화성 탐사만큼 대담하지는 않지만, 대신에 훨씬 더 현실적이며 나름대로 야심찬 목표를 정했다. 우주로 나아가기 위해서는 소행성을 거쳐야 한다는 필요성을 실감했는지, '소행성 궤도 수정 임무ARM: Asteroid Redirect Mission' 프로젝트의 일환으로 10년 내에 작은 소행성 하나를 포획해서 지구 근처로 데려와 우주 비행사를 그곳으로 보낸다는 미션을 천명한 것이다.

인류 역사상 초유의 사건

이 미션을 수행하기 위해서는 우선 적절한 소행성을 선정해야 한다. 너무 멀지 않은 곳에 있는, 근지구 소행성 중 하나라야 할 것이다. 아직 정확한 후보는 지명되지 않았지만, 현재 가장 유력한 후보는 작은 소행성 2011MD이다. 직경이 6미터밖에 되지 않는 이 소행성은 2011년 6월 27일 1만 2000킬로미터의 거리를 두고 지구를 가깝게 스쳐갔으며, 2023년과 2024년에 다시금 이와 비슷한 정도로 지구에 접근해올 예정이다. 그러면 이온 엔진을 장착한 우주선이 2011MD로 출발하여 소행성에 착륙하지 않고, 커다란 자루 같은 것으로 소행성을 포획하여 데리고 온다. 그리고 달 근처까지 이르면 소행성을 다시금 놓아주어 달을 공전하도록 한다.

만약 이와 같은 미션이 성공적으로 진행되면, 우주 비행사들을 태운 유인 우주선이 이 소행성과 도킹하여 소행성을 상세히 탐사할 수 있다. 소행성의 구성 성분을 분석하여, 무엇보다 소행성의 자원을 채굴하기 위한 기술을 시험할 수도 있게 된다. 또한 인류가 실제로 소행성의 궤도를 변경시킬 수 있음을 최초로 보여주게 된다. 즉 인간이 태양계의 역학 과정에 개입하여 천체를 이동시키는 역사상 초유의 사건이 실현되는 것이다. 이런 미션은 언뜻 볼 때는 용감한 우주 비행사가 다른 행성에 자신의 발자국을 남기고, 자랑스럽게 그곳에 자기 조국의 국기를 꽂는 것에 비하면 별것 아닌 일처럼 보인다. 그러나 자세히 살펴보면 '소행성 궤도 수정 임무'는 존재하는 천체에 유인 우주선을 착륙시키는 것보다 훨씬 더 대단한 일이라는 사실을 알 수 있다. 이것은 인류가 자신의 유익을 위해 태양계의 조건들을 원칙적으로 '변화'시킬 수 있음을 보여주는 일이기 때문이다. 단순히 천체에서 천체로 비행하는 것과는 차원이 다른 일이다. 우리는 더 이상 우주의 수동적인 여행자가 아니라, 우주에 존재하는 자원을 우리의 목적을 위해 활용하는 주역으로 거듭나는 것이다.

물론 2011MD처럼 몇 미터 되지 않는 작은 소행성으로는 그리 많은 것을 할 수 없다. 그것으로 무슨 거대한 우주정거장을 지을 수 있는 것도 아니고, 우리를 별로 데려다줄 커다란 우주선을 만들 수도 없다. 그러나 우리는 이 일을 통해 우주에서 장기적인 임무와 건조 계획들을 시행하는 것이 어떤 일인지 소중한 경험들을 쌓을 수 있을 것이다. 이렇게 작은 소행성을 통제해보는 경험은 다시금 달에게로, 나아가 화성에게로 나아가는 첫걸음이 될 것이다(미국항공우주국 역시 이런 소행성 궤도 변경 임무를 2030년대 유인 화성 착륙을 위한 '이정표'로 명시하고 있다).

혜성의 얼음에 아미노산이 있을까?

미국항공우주국의 이런 야심찬 계획들이 제발 다시는 근시안적 정치 현안들과 예산 감축 계획의 희생양이 되지 않았으면 좋겠다. 항공우주 기구들은 이런 일을 종종 경험해왔다. 앞으로는 최초로 포획된 소행성에 한 국가의 국기가 아니라, 민간 기업의 로고가 게양될지도 모른다.

만약 미국항공우주국이 소행성을 포획하지 못한다 해도 어쨌든 앞으로는 소행성과 혜성에 대해 더 많은 것을 알게 될 것이다. 유럽우주국은 2004년에 이미 탐사선 '로제타Rosetta'를 떠나보냈다. 로제타는 자못 긴 여행을 했는데, 10년 이상의 여행 끝에 2014년 드디어 화성궤도 훨씬 너머에 있는 혜성 67P/추류모프-게라시멘코67P/Churyumov-Gerasimenko에 도달했다. 로제타는 혜성을 먼 곳에서만 관측하거나 혜성을 스쳐 비행하지 않고, 최초로 이 혜성이 태양을 공전하는 궤도를 따라 혜성과 함께 이동하기 위해 그토록 긴 여행을 했던 것이었다. 로제타는 혜성 67P/추류모프-게라시멘코 주위를 공전하기 시작한 이래로 이 혜성과 함께 우주를 돌고 있다. 이제 로제타 호의 장비들은 이 혜성이 서서히 더워져서 얼음을 우주로 분출하면서 전형적인 혜성의 꼬리를 늘어뜨리는 모습을 찍을 수 있다. 그것도 이 혜성과 불과 몇 킬로그램 떨어지지 않은 곳에서 '라이브'로 말이다.

또한 로제타는 탐사 로봇인 '필래Philae'를 분리시킬 것이다. 필래는 혜성 표면에 착륙하여 그곳으로부터 다양한 화학적 지질학적 연구를 수행할 텐데, 가령 혜성의 얼음에 아미노산이 있는지를 확인할 예정이다.[34] 아미노산 분자는 지구 생명의 구성 요소다. 그리고 지구에 아미노산 분자가 있게 된 것은 소행성과 혜성이 지구와 충돌했기 때문일 수도 있다. 아미노산이 우주에도 존재한다는 것은 이미 증명되어 있었다. 운석

●●●

34 이 책은 2015년 초에 쓰여졌는데, 2015년에 이미 필래를 분리시켜 착륙시켰으며 필래가 확보한 유기 분자를 분석 중에 있다고 한다. -옮긴이

에서의 발견, 전파망원경으로 먼 가스 구름을 관측한 결과를 통해서도 알 수 있었다. 그러나 로제타와 필래의 미션은 최초로 아미노산의 존재를 직접 우주에서 증명할 수 있는 기회다. 지구의 아미노산은 모두 특정한 형태를 띠고 있는데, 이런 형태가 혜성에서도 발견된다면 이것은 생명을 구성하는 화합물이 정말로 우주에서 기원했다는 뚜렷한 암시가 될 것이다.

일본우주항공연구개발기구도 태양계의 소천체 연구에 박차를 가하고 있다. 이미 2005년에 탐사선 하야부사를 소행성 이토카와에 착륙시키고 그곳에서 성공적으로 흙먼지를 채취했으며, 이제는 '하야부사 2'를 통해 이런 성공을 능가하는 성과를 거두고자 한다. 하야부사 2는 1999JU3을 향하게 될 것이며, 이번에는 하야부사가 했던 것처럼 표면으로부터 몇 개의 미립자를 수집하는 데 그치지 않고, 순동 탄환을 우주로부터 쏘아서 표면 깊이에 묻혀 있는 원래의 물질들을 들추어내는 방식으로 샘플을 수집할 계획이다. 모든 것이 계획대로 진행되면, 2020년 말경 하야부사 2가 지구로 복귀하면서 이런 특별한 샘플이 지구에 도착할 예정이다.

우주에 생겨난 연료 충전소

미국의 우주 비행 엔지니어 피터 디아만디스Peter Diamandis와 에릭 앤더슨Eric Anderson은 2010년 회사를 설립했다. 현재 '플래니터리 리소시스Planetary Resources Inc.'라는 이름의 회사다. 이 회사의 투자자 중에는 구글 창업자인 래리 페이지Larry Page, 영화감독 제임스 캐머런James Cameron, 억만장자이자 MS 워드 개발자인 찰스 시모니Charles Simonyi를 비롯해 영향력과 부를 갖춘 다양한 사람들이 포함되어 있다. 플래니터리 리소시스의 목표는 단순하다. 소행성의 광물을 채취하여 높은 수익을 올리자는 것! 이런 계획은 3단계로 실행에 옮겨질 것이라고 한다. 우선은 작은 위성들 내지 우주 망원경들을 띄워 지구를 공전시키면서 적절한 목표물을 탐색하는 것이다. 다음 단계는 '인터셉터Interceptor', 즉 지구 공전궤도를 떠나 가까운 소행성을 날아갈 수 있는 우주 탐사선을 제작하는 것이다. 현지에서 데이터를 모아, 어느 소행성이 원료를 채굴하기에 가장 적합한지를 알아내고자 한다. 그리고 세 번째 단계로는 태양계의 더 먼 곳으로 날아가 멀리 떨어져 있는 소행성을 연구할 수 있는 탐사선을 제작하고 싶어 한다.

현재 우주 비행에서 민간 업체가 경주하고 있는 노력으로 볼 때 플래니터리 리소시스의 계획은 참으로 야심찬 것이다. 이것이 현실적으로도 가능할지는 앞으로 지켜봐야 한다. 이 회사는 2013년 5월 기부금 캠페인을 통해 110만 유로를 모았고 현재는 이것으로 우선 소형 우주 망원경을 제작하여 쏘아올릴 계획이다. 이 우주 망원경은 무게가 20킬로밖에 되지 않을 것이며 '아키드Arkyd 100'이라는 이름으로 2015년에 띄워진다고 한다. 이런 작은 우주 망원경이 소행성을 탐사하는 데 중요한 역할을 할 수 있을지는 의문이다. 오히려 이것은 홍보 차원의 캠페인으로 보아야 할 것이다. 플래니터리 리소시스의 창립자들 역시 그동안 자신들의 목표를 약간 수정했다. 소행성의 광물을 완전히 채굴하는 대신 탐사 로봇만 날려 보내는 방식으로, 소행성에 착륙하지 않은 채 암석 속에 함유된 물을 수집하겠다고 말이다. 그리고 이것을 연료로 바꾸어서 지구궤도로 가져오겠다는 것이다. 이것이 가능해질 경우 위성들이 필요에 따라 연료를 충전할 수 있는 '연료 충전소'가 우주에 생겨나는 셈이다.

왜 소행성을 활용해야 하는가

이와 같은 계획이 구체적으로 어떻게 실현될지는 아직 불투명하다.

우주에서 자원을 채취해 오고자 하는, 다른 민간 기업('딥 스페이스 인더스트리스Deep Space Industries' 혹은 '케플러 에너지&스페이스 엔지니어링Kepler Energy & Space Engineering')의 계획 역시 아직 확실한 것은 없다.

주도적인 역할을 국가 차원의 항공우주기구가 하건 민간 기업이 하건 간에, 우리는 언젠가 결국 소행성을 이용할 수 있게 될 것이다. 우리가 지구에 콕 박혀 있기만 하지 않으려면 소행성을 이용해야만 할 것이다. 우주 비행은 막대한 비용이 들며 위험천만하다. 하지만 인류의 탐험 정신과 이윤추구의 노력은 지금까지 많은 위험을 극복해왔다. 수백 년 전 인류는 배를 만들고 많은 돈을 들여, 미지의 대양을 건너 위험한 항해를 도모했다. 돌아올 수 있을지, 대양 건너에 무엇이 있을지 알지 못한 채로 말이다. 새로운 자원이 있는 새로운 땅을 발견할 수 있으리라는 희망, 이윤을 가져다줄 새로운 무역 루트를 개발하고자 하는 마음으로 모든 장애물을 극복했다. 크리스토퍼 콜럼버스가 아메리카 대륙을 '발견'했을 때,[35] 그는 '신'대륙을 찾고자 하는 소망을 실현한 것은 아니었다(지구가 둥글다는 것을 증명할 생각은 더더욱 아니었다. 지구가 둥글다는 것은 당시 모든 사람에게 자명한 사실이었다). 스페인이 콜럼버스의 여행에 돈을 댄 것은, 아시아로 더 빠르게 갈 수 있는 새로운 항로를 개발하여 향신료 무역에서 포르투갈을 앞설 수 있기를 바라서였다.

미지의 것에 대한 호기심, 부를 창출하려는 마음이 언젠가는 우리 인

35 북아메리카 대륙은 이미 1000년 전에 스칸디나비아 선원들이 발견했다. 콜럼버스는 정확히 말하자면 서인도제도를 발견했을 뿐이다.

류를 우주로 인도하게 될 것이다. 우주에는 발견하고 얻을 것이 충분하기 때문이다. 이제 첫발을 내디뎌 대규모의 지원과 노력을 쏟아 부으면 된다. 그러면 나머지는 저절로 될 것이다.

6장

우주로 가는 엘리베이터

우주 엘리베이터가 생기면 인류는 완전히 새로운 방식의 우주여행을 할 수 있게 된다. 고작 두세 명 혹은 소량의 화물을 우주로 보내기 위해 커다란 로켓을 이용하여 위험천만한 여행을 시도하는 대신, 아주 편안하게 엘리베이터를 타고 우주로 올라갈 수 있을 것이다. 우주나 달에 커다란 천문대를 건설하여 최신의 학문적 인식을 얻는 것도 가능해질 테고, 오늘날에는 상상할 수 없는 많은 일들이 실현될 수 있을 것이다.

완전히 새로운 방식의 우주여행

이제 우리가 탈 엘리베이터는 건물 안에서 오르락내리락하는 것이 아니다. 이 엘리베이터를 타려면 대양 한가운데로 가야 한다. 해안으로부터 멀리 떨어진 적도로 말이다. 배를 타고 가다 보면 멀리 대양 한가운데 우뚝 솟은 커다란 플랫폼이 보인다. 항구도 딸려 있어 이미 전 세계로부터 온 화물선과 여객선이 정박하고 있다. 여기 바다 한가운데에는 호텔, 공장, 여객 및 화물 터미널 등을 갖춘 작은 도시가 건설되어 있다.

거대한 레이저 광선이 플랫폼으로부터 위를 향해 수직으로 발사되고, 하늘로 높이 드리워진 케이블을 비춘다. 케이블에 눈길을 주다 보면 케이블은 어느덧 시야에서 사라져버린다. 당연하다. 케이블의 위쪽 끝은 지상에서 14만 킬로미터 떨어진 우주 상공에 위치하기 때문이다. 이 높이는 지구에서 달 사이 거리의 거의 절반에 해당된다. 그래서 케이블이 시작하는 첫 부분만 눈에 보일 뿐이다. 케이블은 점점 가늘어지는 것 같아 보이고 간혹 태양빛을 받아 반짝거리는 것으로만 존재를 알린다.

우주 엘리베이터

배가 항구에 정박하고 우리는 호텔로 들어가 엘리베이터 출발 시간까지 대기한다. 평범한 엘리베이터와는 달리 이 엘리베이터는 그냥 버튼만 누른다고 탈 수 있는 게 아니다. 이 엘리베이터는 정해진 시간표대로만 운행한다. 또한 여기에 탑승하고자 하면 우선 교육을 받아야 하고, 비상시 대처법을 숙지해야 한다. 짐과 승객의 무게를 일일이 재고, 안전검사도 이것저것 거쳐야 한다.

탑승 시간이 가까워져 플랫폼에서 기다리는 동안, 우리는 플랫폼이 가볍게 움직이는 것을 느낀다. 플랫폼은 대양 속에서 서서히 이리저리 흔들리며 케이블을 부드럽게 흔든다. 저 위쪽 우주에서 지나가는 위성을 피하기 위해서일 것이다.

터미널 대기실의 커다란 파노라마 창문을 통해 저 멀리 위쪽에서 객차 하나가 내려오는 것이 보인다. 시속 200킬로미터 속도로 움직이고 있음에도 불구하고 긴 케이블을 타고 플랫폼까지 내려오는 모습은 상당히 굼떠 보인다.

우주에서 돌아온 승객들과 화물이 다 내리고 나서야, 드디어 우리가 우주 엘리베이터에 발을 디딜 차례가 된다. 이 엘리베이터는 도시 빌딩의 엘리베이터처럼 서서 타는 형식이 아니다. 객실은 상당히 널찍하다. 급행열차의 객실처럼 편안한 의자가 설비되어 있으며 편안한 침대칸도 있고, 식당칸도 따로 있다. 선로 위를 달리지 않고, 수직으로 하늘을 향해 곧장 올라간다는 점만이 열차와 다르다.

이제 모든 승객들이 자리를 잡았고 짐과 화물도 실렸다. 승무원들이 마지막으로 다시 한 번 여행 과정과 안전 수칙에 대해 설명한다. 이제 플랫폼의 외측에서 거대한 레이저가 서서히 가동되는 소리가 들린다. 순서에 따라 레이저가 객차 옆에 부착된 태양 전지로 향하면, 오랜 비행을 위해 필요한 에너지가 기계로 전달되고, 엘리베이터는 예정 시간에 정확히 맞추어 올라가기 시작한다.

레이저 광선은 우주로 가는 우리의 길에 함께 한다. 어느 정도 올라가자 바다에 있는 플랫폼은 더 이상 보이지 않고 대신 멀리 있는 해안들이 우리 눈에 들어온다. 객차는 점점 더 상승하여, 몇 분 후면 우리는 비행기 고도보다 더 높이 올라가게 될 것이며, 여행의 막바지에 이르면 아름답고 푸른 지구를 내려다볼 수 있게 될 것이다.

이 엘리베이터는 우리를 우주로 데려다준다. 지구 위의 우주정거장들로 데려다주는 것이다. 우주여행객들은 우주 호텔에서 내리고, 소행성에서 원료를 채굴하는 노동자들은 포획된 소행성에 내리며, 학자들은 지구 주변의 연구 기지에서 내린다. 이들이 다 내리면 몇몇 연구자들만이 며칠 내지 몇 주 더 객차에 남아 케이블이 끝나는 곳까지 여행한 뒤, 달이나 화성, 혹은 목성의 위성을 방문하기 위해 우주로 나아가게 될 것이다. 엘리베이터와 그의 엄청난 케이블이 인류를 우주와 연결시켜주는 것이다.

유감스럽게도 지금 이런 엘리베이터는 존재하지 않는다. 아직은 말이다. 그래서 10만 킬로미터가 넘는 길이의 케이블로 지구와 우주를 연결시키고 엘리베이터를 운행한다는 생각은 사이언스 픽션에나 나올 법한 이야기로 들린다. 그러나 이론상으로는 가능한 일이다. 현실에서 우리는 이런 프로젝트의 실행을 목전에 두고 있다. 불과 몇 년 후에는 실제로 우주 엘리베이터를 제작하는 데 부족한 것은 단지 우주 엘리베이터를 만들려는 의지(그리고 필요한 지원금)뿐일 것이다.

어떻게 임펄스를 전달할까?

우주 엘리베이터가 생기면 인류는 완전히 새로운 방식의 우주여행을 할 수 있게 된다. 고작 두세 명 혹은 소량의 화물을 우주로 보내기 위해 커다란 로켓을 이용하여 위험천만한 여행을 시도하는 대신, 아주 편안하게 엘리베이터를 타고 우주로 올라갈 수 있을 것이다.

우주 비행사들은 더 이상 어마어마한 크기의, 폭발하기 쉬운 연료통 위에 웅크리고 앉아서 로켓 발사가 재앙으로 끝나지 않고 제발 성공적으로 이루어지기를 기도할 필요가 없어진다. 많은 돈을 들여 오랫동안 전문 교육을 받은 우주 비행사들뿐만 아니라, 일반인에게도 이제 우주가 열리게 된다.

지금까지는 사이언스 픽션으로만 알던 모든 상상이 현실이 될 것이다. 커다란 우주정거장을 건설하고, 소행성의 원료를 지구로 실어올 수 있으며, 우주선을 타고 다른 행성들로 날아가고, 우주에 태양 발전소를 건설하여 우리의 에너지 필요량을 충족시키게 된다. 우주나 달에 커다란 천문대를 건설하여 최신의 학문적 인식을 얻는 것도 가능해질 테고, 오늘날에는 상상할 수 없는 많은 일들이 실현될 수 있을 것이다.

성능 좋은 우주 엘리베이터를 만들게 된다면, 정말이지 우주에서의 모든 계획들을 훨씬 쉽고 저렴하게 실행할 수 있을 것이다. 우주 엘리베이터라는 첫 번째 관문만 통과하면 된다.

물론 우주에서 이동하고 여행하는 것은 쉽지 않다. 그러나 배후의 물리학은 간단하다. 문제는 임펄스(충격량)를 전달하는 것이다. 지상에서 이것은 쉬운 일이다. 자동차 타이어는 길바닥을 밀어 앞으로 전진하고, 비행기의 터빈은 한쪽에서는 공기를 받아들이고 다른 편에서는 공기를 밀쳐내 그 반동으로 앞으로 나아간다. 우리 인간들 역시 우리의 발을 활용해 지면에서 지면으로 임펄스를 전달한다.

하지만 우주의 로켓은 그렇게 할 수가 없다. 그곳에는 임펄스를 전달할 수 있는 것이 아무것도 없기 때문이다. 따라서 엄청난 양의 연료, 소위 '지지 질량'이 필요하다. 로켓은 스스로 밀쳐낼 수 있는 것을 우주로 가져가야 하는 것이다. 더 높은 속력으로 더 많은 질량을 내뿜을수록 로켓은 반대 방향으로 더 빠르게 움직인다.

그러므로 우주로 더 많은 것을 수송하려 할수록, 더 많은 지지 질량 혹은 연료가 필요한 것이다. 연료를 더 많이 싣다 보면 우주선의 전체 질량이 올라가고, 그러면 그것을 우주로 올리는 데 다시금 더 많은 연료가 필요하다. 그래서 유럽우주국의 아리안 V로켓은 무게가 자그마치 8000톤에 가까웠다. 고작 10톤의 실용 탑재량을 우주로 보내기 위해서 이런 어마어마한 발사체가 필요했던 것이다.

우주 엘리베이터를 운영하기에 좋은 장소

지지 질량과 로켓 추진에 대한 원칙에 수학적 물리학적 토대를 놓은 이는 바로 러시아의 과학자 콘스탄틴 에두아르도비치 치올코프스키Konstantin Eduardovich Tsiolkovskii였다. 어렸을 때부터 우주를 꿈꾸고 쥘 베른Jules Verne을 비롯한 초기 사이언스 픽션 작가들의 소설을 탐독했던 치올코프스키는 훗날 수학교사로 일하며 우주 비행을 연구했고, 오늘날에는 '우주 비행의 아버지'로 일컬어진다. 치올코프스키는 1903년 '로켓 방정식'을 정립하여 최초로 우주 비행이 가능하다는 것을 보여주었으며, 오늘날 우주 비행도 이 방정식을 토대로 이루어진다.

하지만 우리가 여기서 주목할 만한 점은 치올코프스키가 로켓 방정식을 정립하기 8년 전인 1895년에 로켓 엔진 없이 다른 방식으로도 우주에 갈 수 있다는 생각을 했다는 것이다. 1895년 치올코프스키는 파리에 갔을 때, 그곳에서 하늘로 324미터나 치솟은 에펠탑을 보았다. 에펠

탑은 박람회를 기념으로 특별히 제작된 것이었고, 당시 세계에서 가장 높은 구조물이었다. 치올코프스키는 에펠탑을 보면서 이렇게 생각했다. '이보다 더 높은 탑을 짓는다면 어떻게 될까? 만약 우주까지 닿는 탑을 짓는다면?'

그가 생각한 대로 높은 탑을 따라 점점 더 위쪽으로 올라간다면, 지구가 행사하는 중력은 점점 더 줄어들 것이다. 그러나 동시에 원심력은 점점 더 커진다. 탑이 지구와 더불어 자전축을 중심으로 회전을 하기 때문이다. 그래서 어느 순간이 되면 원심력의 증가와 중력의 감소가 같아지는 지점에 도달하게 되고, 이런 지점에서 두 힘은 서로 상쇄된다.

탑의 이런 지점에서 우리는 무중력 상태가 된다. 지구를 공전하는 위성이나 우주정거장의 우주 비행사처럼 말이다. 이들이 무중력 상태인 것은, 지구의 중력이 더 이상 그들에게 영향을 미치지 못하기 때문이 아니다. 지구의 중력은 여전히 존재한다. 그러나 우주정거장의 우주 비행사들이 무중력 상태가 되는 것은 그들이 빠른 속도로 지구 주위를 돌고 있기 때문이다. 그들은 여전히 지구에 이끌리고 있지만, 높은 속도로 옆쪽으로 운동을 하고 있기에 지구로 떨어지지 않는다. 원심력 덕분에 그들은 중력을 느끼지 못하고 '자유 낙하' 상태에 있는 것이다.

치올코프스키가 상상했던 어마어마한 탑 위에서라면 우리는 로켓도, 지지 질량도 없이 그냥 우주로 나아갈 수 있을 것이다. 우리는 그저 높은 곳까지 기어 올라가기만 하면 된다. 그러고는 적절한 장소에서 탑을 떠나면, 자동적으로 충분한 속력을 얻게 되고 지구 주위를 돌게 된다.

그러나 그렇게 높은 탑을 건설하는 것은 불가능하다. 탑은 전체의 하중을 아래쪽 기초에 두게 되는데, 지탱해야 하는 질량이 클수록 기초도 더 크고 무겁게 만들어야 한다. 우주와 인간을 연결해줄 만큼 높은 건물은 엄청나게 무거울 테고, 지구의 지각은 그 하중을 견딜 수 없을 것이다. 설사 그렇게 거대한 탑을 지을 만큼 엄청난 양의 튼튼한 재료가 존재한다 해도, 치올코프스키의 탑은 그냥 땅으로 허물어지고 말 것이다.

하지만 전체의 하중을 아래에서 지지할 필요가 없다면 어떻게 될까? 반대쪽에서 접근하여 우주로부터 하중을 지탱할 수도 있지 않을까? 이런 아이디어를 떠올린 것은 1957년 구소련의 엔니지어 유리 니콜라예비치 아르추타노프Yuri N. Artsutanov였다(그는 '전기 기관차를 타고 우주로'라는 환상적인 제목의 논문에서 그런 아이디어를 제시했다). 아르추타노프는 다음과 같이 생각했다. '이제 치올코프스키의 비전은 최소한 부분적으로는 실현되었다. 첫 로켓들이 우주로 날아갔고, 1957년 10월 4일에는 최초의 인공위성인 스푸트니크 1호가 발사되어 지구를 돌고 있다. 우주의 위성으로부터 지구로 기다란 끈을 늘어뜨리지 못할 이유가 뭐란 말인가?'

그는 전체의 하중을 아래에서 지지할 필요가 없다면 지표면에 공연히 커다란 탑을 지을 필요도 없고, 케이블의 끝만 우주 어딘가에 고정시키면 된다고 생각했던 것이다.

지구와 우주를 연결시키는 긴 줄

문제는 속도다. 가령 우주정거장 ISS는 지상에서 약 400킬로미터 상공에서 지구를 돌고 있다. 그런데 우주정거장이 그 궤도를 유지할 수 있기 위해서는 약 시속 2만 8000킬로미터의 속도로 운동을 해야 한다. 즉 90분에 한 번씩 지구 주위를 공전해야 하는 것이다. 그러므로 우주정거장에서 지상으로 줄을 늘어뜨린다면, 그 줄은 너무 빠르게 지구 주위를 뱅뱅 돌면서 적잖은 카오스를 야기할 것이다. 하지만 17세기 초반 요하네스 케플러의 혁명적인 연구가 이뤄진 이래, 우리는 우주에 우주 엘리베이터를 운행하기에 좋은 장소가 있다는 것을 알 수 있게 됐다.

케플러의 제3법칙은 행성이 태양을 공전하는 시간과 태양으로부터의 거리에 대한 수학적 연관을 설명해준다. 태양으로부터 거리가 멀수록 공전하는 데 시간이 더 오래 걸린다는 것이다. 그래서 태양에서 가장 가까운 행성인 수성은 공전주기가 88일이고, 지구의 공전주기는 알다시피 365일이다. 또 태양에서 더 멀리 떨어진 화성의 경우는 1년이 687일이다. 그보다 더 먼 해왕성의 경우는 태양을 한 바퀴 도는 데 165년이 걸린다. 공전주기가 얼마나 걸릴지는 케플러가 정립한 수학 공식으로 정확히 계산할 수 있다. 그리고 그 공식은 행성이나 별만이 아니라, 다른 물체를 도는 모든 물체에 적용된다.

물론 이 공식은 지구 저궤도에서 지구를 공전하는 위성의 경우에도 적용된다. 지표면에서 가까울수록 지구를 공전하기 위해 필요한 속도는 더 빨라지고, 공전주기는 더 짧아진다. 지구를 관측하는 연구위성(또는 군 첩보위성)들은 상대적으로 낮은 고도에서, 즉 지상에서 몇백 킬로미터 되지 않는 저궤도LEO: Low Earth Orbit에서 지구를 돈다. 그런 위성들은 하루에 지구를 약 열 바퀴 이상 돈다. 그보다 위인 중궤도MEO: Medium Earth Orbit에는 통신 및 GPS 위성들이 있다. 이들은 약 2만 킬로미터 상공에서 우주를 여행하고 있으며, 지구를 한 바퀴 도는 데 거의 반나절이 걸린다. 하지만 지구로부터 더 멀리 가면, 인공위성이 지구를 한 바퀴 도는 주기가 지구의 자전주기와 똑같아지는 지점에 이를 수 있다. 지표면으로부터 정확히 3만 5786킬로미터 상공에서 그런 일이 일어난다. 인공위성의 공전주기와 지구의 자전주기가 일치하기에 이런 지점에 떠 있는 위성은 지상에서 보면 움직임 없이 같은 자리를 고수하고 있는 것처럼 보인다.

이런 높이를 바로 정지궤도 혹은 지구정지궤도GEO: Geostationary Orbit라 부른다. 치올코프스키의 가상의 탑이 도달해야 할 높이가 바로 이것이다. 이 높이 끝에서는 원심력과 중력이 상쇄된다. 3만 5786킬로미터 높이의 건물을 짓는 것은 불가능하지만, 이 길이의 줄을 만들어서 위성에서 늘어뜨릴 수는 있을 것이다. 물론 이 길이만 해도 지구 직경의 세 배 가까이 되며, 실제로는 훨씬 더 긴 줄이 필요하다(잠시 후 이에 대해 살펴볼 것이다). 하지만 지구와 우주를 긴 줄로 연결시키는 경우는 치올코프스키가 120여년 전에 상상한 엄청난 에펠탑과는 다르다. 긴 줄로 연결시키는 것을 가능하게 할 만한 괜찮은 아이디어가 몇 가지 있기 때문이다.

굉장히 얇은 케이블

오늘날 인공위성을 지구정지궤도에 올리는 것은 그다지 어려운 일이 아니다. 1964년에 최초로 그 일에 성공한 이래 오늘날 지구정지궤도는 이미 위성들로 붐비고 있다. 너무나 만원이라 국제전기통신연합ITU: International Telecommunication Union이 나서서 자리를 배분해주어야 할 정도다. 지구정지궤도가 이렇게 붐비는 이유가 뭘까? 바로 통신위성을 두기에 가장 적절한 장소이기 때문이다. 위성이 정지궤도에 있어야만 지상에서 볼 때 늘 같은 자리에 있게 된다. 더 저궤도로 내려가면 위성의 위치가 지구에서 볼 때 계속해서 변화하기 때문에 수신 안테나를 계속해서 새로 맞추어야 한다.

그러나 우주 엘리베이터를 설치하여 지구와 우주를 연결시키는 일에는 문제가 있다. 제아무리 강력한 강철 줄도 우주까지 3만 5786킬로미터를 포괄하려면 하중을 견디지 못하고 끊어져버릴 것이기 때문이다.

게다가 정확히 말하면 줄은 보다 더 길게 만들어야 한다. 3만 5786킬로미터로 만들면 지구정지궤도에 위치한 줄의 위쪽 끝부분만이 무중력 상태에 있게 되기 때문이다. 그래서 또 다른 대비책을 마련하지 않는다면 줄의 무게로 인해 위쪽 끝은 아래로 당겨지게 될 것이고, 줄은 지구 쪽으로 와르르 떨어지게 될 것이다. 따라서 지구정지궤도보다 더 위쪽에 줄의 무게를 상쇄할 수 있는 무게추(평형추)를 두어야 한다.

가령 포획한 소행성이나 우주정거장을 이용해 줄의 무게를 상쇄시킬 수도 있다. 물론 케이블을 더 길게 만들면 중력을 상쇄시키기가 훨씬 간단할 것이다. 지구정지궤도 아래에서는 중력이 원심력보다 우세해서 줄을 밑으로 끌어당기려고 한다. 그러나 줄을 3만 5786킬로미터 위로 더 연장시키면 그곳에서는 원심력이 우세해서 케이블을 지구 바깥 쪽으로 끌어당긴다. 이런 힘이 케이블을 아래로 끌어당기는 힘과 똑같아지면 케이블은 균형을 이루게 될 것이다. 그래서 지구 쪽으로 떨어지거나 우주 쪽으로 날아가버리지 않게 될 것이다.

지구에서 멀어질수록 중력은 감소하지만(아이작 뉴턴의 유명한 공식이 이야기하는 바와 같이 거리의 제곱에 비례하여 감소한다), 그럼에도 케이블의 끝은 3만 5876킬로미터보다 훨씬 더 길어야 한다. 균형을 맞추려면 거의 14만 4000킬로미터 길이의 케이블을 만들어야 할 것이며, 그러면 줄의 끝은 지구와 달 사이 거리의 약 3분의 1 정도에 이르게 될 것이다.

이 길이는 지구 직경의 약 열 배 이상이다. 우아! 이 역시, 사이언스 픽션에서나 나올 법한 이야기다. 3만 5786킬로미터의 케이블도 자신의 무게를 못 이기고 끊어지는데, 하물며 그보다 네 배는 더 긴 케이블은 하중을 어떻게 버텨야 할까? 이런 문제를 해결한 것은 1975년 미국의 엔지니어 제롬 피어슨Jerome Pearson이었다. 제롬 피어슨은 케이블의 굵기가 시종일관 동일할 필요는 없다는 것에 주목했다. 가령 지상에서 1킬로미터 정도까지의 케이블은 이 1킬로미터 부분의 무게만 견디면 되니까 굉장히 가늘어도 된다는 것이다. 100킬로미터 정도 부분은 이미 좀 더 많은 하중을 견딜 수 있어야 한다. 가장 굵어야 하는 부분은 최고의 하중을 견뎌야 하는 지구정지궤도 부분이다. 그 아래와 그 위는 점점 가늘어져도 무방하다.

따라서 우주 엘리베이터의 케이블은 지표면에 가까울수록 엄청나게 가늘어지게 될 것이다. 지표면에서는 사람 머리카락보다 더 얇을 것이며, 위로 갈수록 점점 굵어져 3만 5786킬로미터의 높이에서 최대가 되었다가 다시금 서서히 가늘어져 눈에 보이지 않을 정도가 될 것이다. 이런 원추형 단면을 가진 케이블을 만드는 것은 어렵지 않으며 이런 케이블은 어지간한 하중에 끊어지지 않을 것이다.

그러나 이것은 무엇보다 적절한 재료를 사용했을 때의 얘기다. 우주 엘리베이터의 실용화 가능성은 바로 여기에 달려 있다. 기존에 널리 쓰이는 일반적인 소재로는 우주 엘리베이터를 만들 수 없다. 오늘날 케이블카 같은 것에는 케블러[36]를 활용해 강화시킨 강철 케이블이 사용되지만, 이런 케이블도 기껏해야 30킬로미터 정도를 감당할 수 있을까, 그

36 미국 듀폰사가 케블러라는 이름으로 상품화한 아라미드 섬유로서, 뛰어난 인장력과 내열성을 자랑한다. —옮긴이

이상 되면 무게를 이기지 못하고 끊어지고 만다. 그러므로 케이블로 우주와 지구를 연결하려면 강철보다 훨씬 더 단단한 물질이 필요하다.

물론 치올코프스키나 아르추타노프, 피어슨이 살았던 시대에는 적합한 소재가 없었다. 그러나 1980년대 중반 이후 화학자들과 물리학자들은 이런 문제를 해결할 수 있을 만한 소재를 발견하고 개발해왔다. 만약 인류가 10만 킬로미터도 넘는 케이블로 우주와 지구를 연결시킬 수 있다면, 그 주역은 바로 탄소 소재가 될 확률이 높다. 무게가 가볍고 강도가 강해서 현재 시점에서 우주 엘리베이터의 케이블로 사용하기에 적절해 보이는, 가장 유력한 후보는 바로 '탄소나노튜브'다.

탄소나노튜브 활용법

탄소는 우리 인간에게 엄청나게 중요한 원소다. 우리 신체의 약 4분의 1이 탄소로 이루어져 있다(양으로 볼 때 산소 다음이다). 다른 모든 생물의 조직도 탄소 화합물로 구성되어 있다. 탄소의 특별한 변신 능력이 없었다면 지구상에 생물은 존재하지 않았을 것이다. 바로 이 탄소가 우주 엘리베이터를 타고 지구를 떠날 인류에게 도움을 줄지도 모른다.

연필심의 원료가 되는 흑연은 빛나는 다이아몬드와 마찬가지로 순수한 탄소로 이루어져 있다. 흑연과 다이아몬드라는 두 물질의 유일한 차이는 바로 탄소 원자의 배열이다. 배열이 달라짐으로써 흑연과 같이 종이와 마찰해 닳아질 만큼 부드러운 것이 되기도 하고, 물질 중 가장 큰 강도를 자랑하는 다이아몬드가 되기도 한다.

그런데 탄소 원자의 배열 중 '풀러렌fullerene'이라 불리는 특별한 배열이 있다. 원자들이 오각형 혹은 육각형의 공 모양으로 여유 있게 배열된 구조인데, 매우 높은 강도를 자랑한다. 그래서 풀러렌 분자들은 흑연의 경우처럼 그렇게 간단히 해체시킬 수 없다. 흑연은 탄소 원자들이 서로 층층이 겹쳐져 있는 형태로, 층이 서로 분리되기가 쉬운 반면 풀러렌은 탄소 원자들 간의 결합력이 강하여 특히나 안정되어 있다.[37]

하지만 공 모양을 이루는 탄소 분자의 강도가 아무리 강해도, 그것만으로는 우주 엘리베이터를 만들기에 역부족이다. 그런데 탄소 배열과 관련하여 획기적 전환점을 마련한 사람이 있다. 바로 1991년 일본의 물리학자 수미오 이지마Sumio Iijima다. 그는 탄소가 튜브 모양으로 배열될 수 있음을 발견했는데, 튜브의 벽은 풀러렌 구조로 배열되어 그와 동등한 강도를 가지는 것으로 나타났다. 이 '탄소나노튜브'는 매우 가늘어서 직경이 몇 나노미터 되지 않는다. 하지만, 최소한 원칙상으로는, 길이를 얼마든지 늘일 수 있다. 그리고 결합력이 매우 강해서, 우리가 지금까지 알고 있던 그 어느 재료보다 더 강도가 우수하다.

이와 같이 탄소나노튜브는 질길 뿐만 아니라 엄청나게 가늘고 가볍기 때문에 긴 케이블을 제작하기에 매우 이상적인 재료이다. 밀도 대비 강

37 삼각형 모양의 조각으로 구성된 지오데식 돔의 구조에도 이 같은 원칙이 적용된다. 지오데식 돔은 미국의 건축가 버크민스터 풀러Buckminster Fuller가 특히 애용하고 전파한 기술로, 풀러렌이라는 용어는 그의 이름에서 따온 것이다.

도가 강철 줄의 100배 이상이다. 하지만 일단은 이론상으로만 그렇다. 아직 탄소나노튜브로 충분한 길이의 케이블을 제작한 예는 없기 때문이다. 몇 밀리미터 정도 길이의 튜브는 만들 수 있었지만, 앞으로 가까운 시일 내에 몇십 센티미터가 넘는 튜브를 만들어낼 수는 없어 보인다. 하지만 우주 엘리베이터를 만드는 데 들어가는 14만 4000킬로미터의 케이블을 반드시 통째로 된 하나의 튜브로 만들 필요는 없을 것이다. 일상에서 쓰이는 줄을 만들 때와 마찬가지로, 작은 조각들을 엮어 기다란 줄을 만들 수도 있다. 물론 그렇게 하면 재료의 인장 강도는 감소한다. 그러나 탄소나노튜브는 다른 재료들보다 워낙 강도가 세기 때문에 그렇게 작은 조각들을 엮는 방식으로 만들더라도 우주 엘리베이터를 만들 만큼은 충분히 될 것이다.[38]

또한 우주 엘리베이터를 제작하려면 여러 단계의 작업 공정을 거쳐야 한다. 우선은 로켓을 활용해 위성을 전통적인 방식으로 지구정지궤도에 올리는 것으로 시작해야 할 것이다. 물론 이 위성은 똘똘 말린 케이블을 싣고 가야 할 것이다. 그런 다음 우주에서 케이블을 천천히 풀어야 할 텐데, 이때는 물론 균형을 잡는 데 무척 신경을 써야 한다. 케이블의 한끝은 지구로 내려 보내는 동시에 한끝은 우주로 향하도록 풀어야

●●●

38 우주 엘리베이터 케이블을 제작할 수 있을 또 하나의 탄소 재료는 그래핀이다. 그래핀은 탄소 원자들이 벌집 모양으로 서로 결합된 흑연의 단일층으로, 두께는 매우 얇지만 굉장히 높은 강도를 지닌다. 그래핀으로 기다란 끈을 만들 수 있다면, 이 역시 우주 엘리베이터를 만들 수 있을 정도로 튼튼할 것이다. 그러나 그래핀에 대한 연구는 아직 초보 단계에 머물러 있어서, 그것을 어떻게 활용할 수 있을지는 불투명하다.

한다. 탄소나노튜브의 특성상 우주 엘리베이터 제작에 필요한 어마어마한 길이의 케이블이라도 무게는 단 30톤밖에 나가지 않을 것이다. 이런 무게는 보통 위성에 비한다면야 상대적으로 무겁지만, 한편으론 일반적인 로켓으로 실어 보낼 수 있는 정도다. 이 첫 케이블은 약 1톤 정도의 엘리베이터 객차를 운송할 수 있는 수준이 될 것이다. 그것은 많은 양은 아니지만, 이제 이런 승강기를 활용하여 줄의 강도를 조금씩 보완할 수 있으며, 줄이 강해질수록 더 무거운 화물을 나를 수 있다. 그러므로 여기까지의 바늘구멍만 뚫으면 된다. 그다음엔 엘리베이터 운행에 그리 어려울 것이 없다.

우주에서 기다란 케이블을 취급하는 일은 그리 생소하기만 한 것은 아니다. 1966년에 이미 미국항공우주국은 우주캡슐 제미니 11호와 위성인 아제나 11호를 30미터 길이의 로프로 연결시켰고, 우주 비행사 리처드 고든Richard Gordon과 찰스 콘라드Charles Conrad는 이들을 회전시켜 인공 중력을 만들어냈다. 끈으로 연결된 우주캡슐과 위성은 로프 끝에서 함께 공통의 무게중심을 축으로 회전했다. 그리고 우주선 안에서는 여기서 작용하는 원심력을, 아주 약하긴 했지만, '인공 중력'으로 느낄 수 있었다.

1992년에는 '견인된 위성 시스템 1Tethered Satellite System 1'의 일환으로 20킬로미터 길이의 로프를 스페이스 셔틀 아틀란티스로부터 풀어내고자 했다. 로프 끝에 작은 위성을 연결시켜, 케이블을 통해 위성의 비행궤도를 안정화시킬 수 있는지를 알아내고자 했던 것이다. 그러나 기술적인 문제가 발생해서 로프는 260미터까지만 우주로 늘어뜨릴 수 있었다. 이 미션은 1996년에 되풀이됐고 이때는 모든 임무가 성공리에 완수되었다. 거기서 학자들은 지구의 자기장 속에서 기다란 케이블을 움직이면(운동시키면) 유도 전류가 발생하고, 이론상으로는 이런 전류를 위성 운영 등의 다른 목적에 활용할 수 있다는 것을 알아냈다. 그 뒤에도 기다란 로프를 동원한 다양한 우주 실험들이 이루어졌는데, 그중 가장 긴 줄은 32킬로미터로 유럽우주국의 YES2-프로젝트Young Engineers' Satellite 2에서 투입된 것이었다.

우리는 우주에서 케이블을 약간 사용해봤다. 적절한 소재를 찾아내서 질기고 긴 줄을 만들 수 있게 될 경우 그 줄을 이용해 우주와 지구를 오가는 것은 결코 불가능한 미션이 아니다. 물론 이것만 해결된다고 다 되는 것은 아니지만 말이다.

우주 엘리베이터를 만들 수 있으면 우주로 가기 위해 어마어마한 양의 연료를 동원할 필요는 없다. 하지만 엘리베이터 객차는 어쨌든 추진해야 하는데, 고압 전류를 동원하는 것만으로는 추진이 불가능하다. 그런 어마어마한 길이의 선에서는 전기 저항이 너무 커져서 전류가 끝까지 도달하지 못하기 때문이다. 에너지를 전선 없이 전달하는 방법은 생각해볼 수 있는데, 가령 강력한 레이저를 통해서 전달하는 방법이 있다. 지상에서 객차에 부착된 광전지를 향해 레이저를 발사해서 필요한 에너지를 마련하는 것이다. 그러고 나서 엘리베이터가 이미 대기권을 벗어나 우주로 나가면, 커다란 광흡수판을 활용해 태양빛을 전기 에너지로 변환시킬 수 있을 것이다. 레이저 대신에 마이크로파를 발사하는 '메이저Maser'를 사용할 수도 있다. 승강기의 안테나로 마이크로파를 잡아서 전기 에너지로 변환시키는 형식이다. 우주 엘리베이터를 작은 핵원자로로 추진시키는 방법도 가능한데, 이때는 승객들에게 방사선 피폭이 되지 않도록 긴 선에서 거리를 두고 작동시켜야 한다.

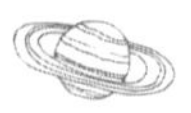

대양 한가운데의 플랫폼에서

우주 엘리베이터는 객차를 추진시키는 데 필요한 에너지 외에 지상 정거장도 필요하다. 사실 지구정지궤도에 무게중심이 있는 14만 4000킬로미터의 케이블은 원칙상으로는 지구에서 별도로 고정시킬 필요가 없다. 저절로 위치를 잡기 때문이다. 하지만 그것을 우주 엘리베이터로 이용하려면, 지표면에 엘리베이터 탑승이 가능한 플랫폼을 만들어야 한다. 지구정지궤도 위성들은 늘 정확히 지구의 적도 위에 위치하기 때문에 우주 엘리베이터 플랫폼도 적도에 설치해야 할 것이다. 따라서 대양 한가운데가 이상적인 장소다. 거기서 늘어뜨려진 케이블을 물에 부유하는 플랫폼과 연결시켜 고정시키면 되며, 이로써 여러 가지 문제를 한꺼번에 해결할 수 있다.

우주 엘리베이터는 국제적 협력이 있어야만 제작이 가능하다. 그러므로 지상 기지를 국제적으로 공유된 대양에 설치하면, 이를 특정 국가의 영토에 설치함으로써 발생 가능한 정치적 문제들을 피할 수 있을 것이다. 안정성을 고려했을 때도 대양에 기지를 설치하는 것이 낫다. 고립된 대양에 기지를 만들면 배나 헬리콥터로만 접근이 가능하기 때문에 지상에 건립하는 것보다 테러의 위협에도 안전하다. 물론 전쟁이나 테러에 대해 절대적인 안정성을 확보할 수는 없을 테지만, 그것은 오늘날 공항이나 역과 같은 다른 공공시설도 마찬가지다. 그나마 대양에 기지를 설치하는 것이 승강기의 안전에 훨씬 유리하다.

날씨는 어떨까. 적도에는 기지에 피해를 초래할 수 있는 큰 폭풍이나 악천후가 별로 없다. 비행기와 충돌할 위험에 대해서도 크게 걱정할 필요가 없다. 케이블과 충돌하지 않게 비행기들을 우회시키면 되기 때문이다. 설사 비행기와 충돌하게 된다 해도 우주 엘리베이터에는 아마 별다른 피해가 없을 것이다. 케이블은 지상에서 가장 질기고 강한 물질로 되어 있다. 따라서 충돌할 경우 탄소나노튜브로 된 케이블보다는 비행기가 손상될 위험이 크다. 우주 엘리베이터에 더 커다란 위험이 되는 것은 대기권 밖에서 일어날 수 있는 일들이다. 그곳에서는 비행기가 아니라 인공위성이, 그것도 빠른 속력으로 날아다니기 때문이다. 위성 중 하나가 시속 몇 킬로미터의 속력으로 케이블과 충돌하면 케이블은 손상되거나 끊어지기 십상이다.

하지만 보통은 인공위성들이 각자의 궤도 어느 부분에 위치하는지, 또 언제 케이블과 충돌할 수 있을지를 예측할 수 있을 것이다. 그러면 위성이 피해줄 수도 있을 테고, 만약 그게 불가능할 경우에는 케이블이 위성을 피해가면 된다. 이를 위해서는 케이블을 흔들어 이리저리 움직이면서 적절한 순간에 위성과 엇갈리도록 해야 할 텐데, 이것은 기술적으로 가능한 일이다. 엘리베이터 케이블이 고정된, 대양 위의 플랫폼을 적절하게 움직임으로써 케이블을 이리저리 흔들어줄 수 있는 것이다. 그럴 때는 물론 케이블의 움직임을 잘 통제해야 할 것이다. 때때로 운행하는 승강기도 케이블을 움직일 수 있기 때문이다.

충돌과 객차 사고의 가능성

문제는 우주 엘리베이터와 충돌 위험이 있는 물체가 위성이 아니라 소행성일 때 한층 더 심각해진다. 소행성이 일찌감치 발견된다면야 그 운동을 정확히 예측할 수 있지만, 1장에서 보았듯이 일이 늘 그렇게 진행되는 것은 아니다. 소행성과 충돌하면 케이블은 손상될 것이다. 하지만 케이블이 굉장히 길 뿐만 아니라 가늘기도 해서, 우연히 소행성과 정면으로 충돌할 확률은 별로 없다. 그리고 그런 일이 일어난다 해도 곧장 끊어지지는 않을 것이다. 여러 겹으로 꼬여 있기 때문이다. 이런 경우 그냥 위 혹은 아래로부터 승강기를 손상된 부분에 보내서 케이블을 손볼 수도 있을 것이다. 설사 있을 법하지 않은 일이 일어나 케이블이 완전히 끊어진다 해도 아직 모든 것이 끝장나는 것은 아니다.

끊어진 부분 아래에 있는 케이블은 그냥 지구로 떨어질 것이다. 이런 경우 (그곳에 승객들을 실은 승강기가 있지 않는 한) 그리 나쁜 일은 없을 것이다. 케이블이 워낙 가벼운 재료로 되어 있어서, 지표면에 별다른 피해를 입히지 못할 것이다. 가능하다면 그런 위급한 경우를 대비해 힘이 균형을 이루는 지구정지궤도상에 자재 창고를 마련하여 예비 케이블을 구비해두는 것도 좋겠다. 끊어진 지점 윗부분의 케이블은 여전히 우주에서 움직이고 있을 테니까 말이다(물론 그때쯤엔 균형을 잃었을 것이다). 승강기를 위로부터 케이블이 끊어진 지점까지 내려 보내 그곳에서 새로운 케이블을 이은 다음 그것을 이용해 다시 지구까지 내려올 수도 있을 것이다. 우주 엘리베이터를 수리하는 일은 일반적인 엘리베이터 수리만큼은 쉽지 않을 것이며, 무시무시한 사고가 일어날 확률도 훨씬 크다. 당연히 빠른 대처를 위해 만반의 준비를 해야 한다. 하지만 우주 엘리베이터 프로젝트를 실현시키기 전에 이 모든 측면들을 충분히 고려하고 적절한 대책을 마련할 수 있을 것이다.

우주 엘리베이터의 승객들에게 가장 위험한 것은 물론 객차 사고가 나는 경우다. 객차가 지구정지궤도인 지표면으로부터 3만 5786킬로미터 상공에 위치하지 않는 한, 케이블이 끊어질 경우 객차는 궤도에 머무를 수 있을 만한 수직적인 속력을 얻지 못하고 아래로 추락하게 된다. 그때 어떤 일이 벌어질지는 어느 정도 높이에서 그런 일을 당하는가에 달려 있다. 약 2만 3000킬로미터 위쪽에서 그런 일이 일어나면 그리 끔찍하진 않을 것이다. 그런 경우 객차는 안정된 궤도를 얻을 만큼의 속력은 되지 않지만, (곧장) 대기에 진입하지 않을 만큼의 속력은 될 것이다. 그래서 지구를 한 바퀴 돈 다음 다시 엘리베이터에서 분리된 자리로 귀환하게 될 테고, 잘하면 시간을 맞춰 우주선이 그곳에서 기다리고 있다가 승객이나 화물을 구할 수 있을지도 모른다. 그러고 나면 객차는 다시금 지구를 공전하다가, 조만간에 대기권에 진입하여 불타게 될 것이다. 그러나 2만 3000킬로미터 아래쪽에서 사고를 당하게 되면 객차는 지구를 채 한 바퀴 돌기도 전에 대기권으로 진입할 테고, 적절한 대책이 마련되어 있지 않는 이상 대기권에 재진입하면서 무참히 파괴되고 말 것이다.

우주 엘리베이터를 안전하게 운용하는 것은 물론 굉장한 기술적 도전이다. 하지만 오늘날 우리가 가지고 있는 지식과 기술이면 불가능한 일은 아니다. 엘리베이터 건조에 대한 본질적인 질문에 대한 답은 이미 나와 있는 상태이고, 물리학적 원칙들도 이미 존재한다. 유일하게 아직 해결되지 않은 문제는 케이블을 만드는 데 적절한 재료를 찾는 것이다. 그러나 이 부분에서도 연구는 잘 진척되고 있고, 가까운 미래에 필요한 진보를 이룰 것으로 보인다. 사실 재료공학자들이 아직 우주 엘리베이터의 제작을 우선순위에 두고 있지는 않다. 그러나 우주로 가는 엘리베이터가 우리 앞에 놓인 문제를 대폭 해결해줄 수 있음을 중요하게 고려한다면 이런 상황은 변할 수 있을 것이다.

“사람들이 코웃음을 그치고 나서 10년쯤 뒤에……”

원료들을 우주로 수송하는 비용과 노력이 절감된다면, 지금까지 불가능했던 많은 일들이 갑자기 가능해질 것이다. 첫 번째 우주 엘리베이터를 만들고 나면, 두 번째 것을 만들기는 훨씬 더 쉬워진다. 그리고 두 번째, 세 번째 것도 수월하게 만들게 될 것이다. 한번 우주 비행의 바늘귀를 통과하면, 다시금 예전처럼 로켓에 의존하는 상태로 되돌아가지는 않을 것이기 때문이다.

지구상에 여러 개의 우주 엘리베이터가 있으면 우리는 대량의 원료를 우주로 수송하고, 그곳에 커다란 구조물들을 설치할 수 있다. 가령 태양빛을 흡수해 그것을 전기로 바꾸어 지구로 보내주는 발전소 같은 시설의 설치도 예상해볼 수 있다(이는 앞서 서술했던 우주 엘리베이터 객차에 에너지를 공급하는 방법과 비슷한 기술로 가능할 것이다). 우주에서는 태양빛을 약화시키는 대기의 방해가 없다. 또한 밤도 없고(또는 적절한 궤도를 선택함으로써 밤의 길이를 조절할 수 있다), 구름도 없으며, 악천후도 없다. 태양열 흡수판의 효율성을 감소시키는 모든 문제들이 사라진다.

또한 우주에는 자리가 충분하다. 그래서 지표면에 점점 많은 태양열 패널을 설치하느라 자리를 잠식하지 않고, 그 자리에 다시 농작물을 경작할 수도 있지 않을까.

이왕 우주에 태양열 발전소를 두려면 규모가 상당히 커야 할 것이다. 4기가와트 정도의 출력을 낼 수 있는 시설(4기가와트 정도면 유럽에서 두 번째로 큰 규모의 갈탄 발전소인 노이라트 발전소의 출력에 맞먹으며, 원자력 발전소 이자르-2의 출력의 두 배 이상에 해당됨)이면 적어도 무게가 1000만 톤에 이를 것이다. 이런 엄청난 무게의 시설을 기존의 로켓을 사용해 우주로 보내려면 어마어마한 비용이 든다.[39] 그러나 우주 엘리베이터를 사용할 수 있게 되면 우주로 물자를 보내는 비용은 대폭 줄어들 테고, 우주로부터 전력을 공급받는 일은 실현 가능한 대안이 될 것이다.

발전소뿐만 아니라 커다란 우주정거장도 건설할 수 있을 것이다. 지금처럼 몇 안 되는 우주 비행사들만 머물 수 있는 곳이 아니라 수백 명, 수천 명이 머물 수 있는 우주정거장 말이다. 학자들은 이곳의 무중력 조건을 활용하여 오늘날 ISS에서는 할 수 없는 새로운 실험을 할 수 있을 것이다. 실험에 필요한 도구들 중에는 비록 무게는 로켓을 이용해 우주정거장으로 실어 보낼 수 있을 만큼 작고 가벼울지라도 로켓 발사시의

●●●

39 참고로 우주정거장 ISS는 무게가 총 450톤밖에 안 된다.

충격을 견뎌낼 만큼 둔감하지는 않아서 기존의 우주선에 실려 보낼 수는 없는 것들이 많다. 전통적인 로켓을 활용해 우주로 가려면 우주 비행사와 화물은 엄청난 가속력을 견뎌야 한다. 이때 모든 것이 격하게 흔들리기 때문에 커다란 망원경 같은 도구를 우주로 수송하는 일은 불가능하다.

물론 수송이 어려워도 우주에 망원경을 몇 개 설치하기는 했다. 하지만 그것들은 지표면에 있는 망원경들에 비하면 규모가 상당히 작은 것들이다. 허블 우주 망원경의 반사경은 직경 2.4미터로, 이 망원경이 지구상에 있었더라면 그다지 주목받지 못했을지도 모른다. 그 정도 크기라고 해도 현재 독일에 있는 가장 큰 망원경[40]보다는 약간 더 크지만, 세계적으로는 반사경이 직경 3미터 이상인 망원경이 41개나 있기 때문이다. 그럼에도 불구하고 허블과 같은 우주 망원경이 걸출하고 인상적인 관측 결과들을 제공해주는 것은 무엇보다 그 망원경이 대기권 밖에 있어서 지구 대기의 방해를 받지 않기 때문이다. 사실 더 커다란 우주 망원경의 제작은 기술적으로는 어렵지 않다. 그리고 우주 엘리베이터를 이용하면 로켓을 발사할 때 흔들림 같은 것으로 충격을 주는 일 없이, 커다란 망원경을 가뿐히 투입 장소로 올릴 수 있을 것이다. 상업 위성도 마찬가지다. 그런 위성들 역시 엘리베이터로 올려서 원하는 곳에 그냥 위치시키면 된다.

---

40 벤델슈타인 천문대의 프라운호퍼 망원경은 반사경의 직경이 2미터 남짓이다.

달과 화성으로 가는 엘리베이터

우주 엘리베이터는 태양계 연구와 관련해서도 많은 변화를 가져올 것이다! 우주 엘리베이터를 지구에만 설치할 수 있다고 누가 말하던가? 엘리베이터의 케이블이 14만 4000미터가 되어야 하는 것은, 적절한 평형추로 전 구조물의 균형을 유지해야 하기 때문이다. 그러나 이제 우리가 이런 엘리베이터를 이용해 지구에서 우주로 나아가게 되면, 이 연결을 활용해서 다른 일도 할 수 있다. 가령 승강기를 지구정지궤도에 머무르게 하지 않고 계속 위쪽으로 진행시키면 원심력이 점점 커진다. 그래서 케이블 끝에서 우주로 놓아 보내는 물체는 별도의 추진력 없이도 달, 화성, 소행성, 심지어 목성 혹은 토성까지 날아갈 만큼의 충분한 속도를 얻게 된다.

달에 가기는 특히나 쉬울 것이다. 케이블이 달과 지구 사이의 3분의 1을 이미 커버하기 때문이다. 그리고 우리가 달 궤도에 다다르면 우리는 그곳에 또 하나의 엘리베이터를 장착할 수 있을 것이다.

이미 우주에 있는 상태에서는 케이블을 아래로 내려뜨리기만 하면 되므로 일은 훨씬 수월하게 진행된다. 달 기지를 건설하는 데 쓰일 원료들은 케이블에 매달아서 내려 보내면 된다. 이렇게 할 수 있다면 로켓은 굳이 필요가 없고, 착륙할 때 브레이크를 걸기 위해 필요한 연료도 아낄 수 있다. 지구와 달에 설치한 엘리베이터를 통해 이제 그 두 천체는 직접적으로 연결되어, 사람과 물질이 자유롭게 오갈 수 있을 것이다. 화성도 마찬가지다. 우주 엘리베이터를 이용해 화성 역시 쉽게 도달할 수 있을 테고, 화성에도 달처럼 엘리베이터를 설치할 수 있을 것이다.

소행성, 그리고 소행성이 보유한 원료 역시 우리의 '손아귀' 안으로 들어올 것이다. 이제 소행성에서 채취한 원료를 우주에서만 사용하지 않고 지구로(또는 달이나 화성으로) 실어오는 일도 채산성이 나아질 수 있다. 전 태양계가 단번에 우리 세력권에 들게 되는 것이다.

아직 우주 비행은 어렵고 위험하며 무엇보다 비용이 많이 든다. 특별히 선택받은 소수의 사람들만 오랜 훈련을 거쳐 우주로 날아갈 수 있다. 또 우주로 날아간다 해도 지표면에서 고작 몇백 킬로미터 이상 나아가지 못하며, 비좁은 우주선이나 우주정거장에서 지내야 한다. 게다가 우주정거장을 운영하고 유지하는 데는 비용이 많이 들어서, 국제우주정거장마저 최대 2028년까지만 가동되고 안전하게 지구로 추락시킬 예정이라고 한다. 그렇게 되면 다년간 여기에 들어간 많은 노력과 기술은 물거품이 될 테고, 새롭고 더 나은 우주정거장을 건설하는 일은 비용을 포함한 여러 가지 면에서 쉽지 않을 것이다.

달과 화성으로의 유인 우주 비행 계획은 늘 세워지지만, 또 예산 부족으로 인해 폐기되기도 일쑤다. 우연히 냉전 시대처럼 다시 여러 나라가 우주의 상징적인 패권을 두고 경쟁을 벌이지 않는 한 사정은 크게 달라지지 않을 것이다. 설사 인간이 가까운 미래에 다시금 달에 가거나 화성에 첫발을 디딘다 해도, 그것은 아주 짧은 방문일 테고 또 그 방문에는 소수의 선발된 우주 비행사들만이 참여할 수 있을 것이다.

1969년, 최초의 인간이 달에 발을 디뎠다. 그리고 1972년까지 11명의 우주 비행사들이 닐 암스트롱의 뒤를 이었다. 그중 넷은 그동안 고인

이 되었고, 나머지는 오늘날[41] 모두 80세가 넘었다. 10년 내지 20년 뒤에는 아마 이들 중 아무도 남지 않게 될 것이다. 그렇게 되면 1969년 7월 21일 이전처럼, 지구상에 사는 그 누구도 지구를 떠나 다른 천체에 발을 디뎌본 적이 없는 상태가 될 것이다. 아폴로 달 착륙에 대한 기억은 이미 빛바랜 상태다. 지금 살고 있는 많은 사람들은 당시 아직 세상에 태어나지도 않았다.

이러한 상태가 지속된다면 유인 우주 비행의 시대가 인류 역사의 아주 짧은 시기로만 끝나버릴 공산이 없지 않다. 즉 그 시대는 용기백배해서 우리가 사는 행성을 떠나 우주로 발을 디뎠던 예외적인 시기, 소수의 인간이 우주를 가로질러 비행했던 시기, 이제 영영 지나갔고 다시 안 올 시기로 기억될 수 있다는 말이다. 어쩌면 미지의 우주에 대한 매력에도 불구하고 막대한 비용과 노력에 기가 질려 인류가(아니 최소한 결정권자들이) 탐험 정신을 잃어버리고 우주로 나아가려는 시도를 중단할지도 모르는 일이다. 물론 다시 한 번 허리띠를 동여매고, 기술적 · 재정적 문제에도 불구하고 용감하게 우주 엘리베이터와 같은 멋진 프로젝트를 실현시켜 우주와 지구를 연결시키고자 팔을 걷어붙이게 될 수도 있다.

어찌 보면 우주로 날아간 아폴로 우주 비행사들은 그곳에서 추억과 돌덩이 몇 개만을 가져왔을 뿐이다. 그러나 만약 우주 엘리베이터 프로젝트를 실현시킨다면 우리는 후손들에게 훨씬 더 의미 있고 오래가는

●●●

41 2015년 기준이다.

선물을 남겨주게 되는 셈이다. 이제 태양계는 전 인류에게 열리게 될 것이다. 그리고 우주 정복을 위한 노력이 인류 문명사의 짧은 시기의 해프닝으로 그치게 될 위험은 사라지게 될 것이다.

물리학자이자 유명 사이언스 픽션 작가였던 아서 C. 클라크Arthur C. Clarke는 우주 엘리베이터 아이디어에 열광했고, 1979년에 발표한 자신의 소설 《낙원의 샘The Fountains of Paradise》을 통해 우주 엘리베이터에 대한 아이디어를 대중화시켰다. 언젠가 아서 C. 클라크는 우주 엘리베이터가 실현되기까지 얼마나 걸릴 것 같냐고 누군가가 묻자 대답했다. 사람들이 그에 대해 코웃음을 그치고 나서 10년쯤 뒤에 실현될 것이라고.

사람들이 웃음을 그치게 될 때가 분명 올 것이다. 태양계는 우리 가까이에 있고, 우리는 그곳으로 나서기만 하면 된다. 그러면 오늘날 우리가 상상할 수 없었던 일이 가능해질 것이다.

7장

우주 방사선이 내리쬐는 미래

우주에는 인간에게 치명적인 우주 방사선들이 있다. 자기장과 대기로 보호를 받는 지구에서는 우주 방사선이 아무런 문제가 되지 않지만, 지구를 떠나는 순간 이야기는 달라진다. 한두 번의 우주여행이 아니라 우주에서 생활하게 된다면 지금까지 겪어보지 못한 양의 방사선에 노출될 것이다. 적절히 우주 방사선으로부터 우리를 보호할 기술을 개발하지 못한다면 우주에서의 삶은 포기해야 할지도 모른다.

태양계에서 지구인의 역할은 어떻게 달라질까?

첼랴빈스크에 떨어진 운석 이야기로부터 출발해 우리는 과거를 돌아보며 소행성이 초래할 수 있는 위협을 살펴보았다. 소행성이 우리 지구에 재앙을 야기할 수 있다는 것, 그리고 이미 그런 재앙을 통해 생물종이 싹쓸이되다시피 한 일이 몇 번 있었고 우리가 대비하지 않는다면 재앙이 또 닥치는 건 시간문제라는 것을 알게 됐다. 그리고 가까운 미래를 내다보며, 소행성은 지구에 재앙을 가져다줄 파괴적인 잠재력이 있을 뿐 아니라 지구의 전 문명을 바꿀 긍정적인 잠재력도 있다는 것을 확인했다.

그러나 소행성을 이용하려 하건 방어하려 하건 간에, 어쨌든 우리는 지금까지와는 다른 방식으로 우주에 접근해야 한다. 앞에서 우리는 우주 엘리베이터가 새로운 대안이 될 수 있음을 알아보았다. 인류가 과연 그 가능성을 활용할 수 있을까? 어쩌면 재료의 문제를 영영 해결하지 못할지도 모른다. 길고 질긴 케이블을 만드는 것은 쉬운 일이 아니다. 또 이런 문제를 해결한다 해도, 필요한 자금과 시간을 들일 용의가 있을지도 알 수 없다. 그러다 보면 인류는 영영 지구에 발이 묶인 신세가 되지 않을까?

하지만 그런 신세가 되지 않을 수도 있다! 우주 엘리베이터가 생긴다면 태양계에서의 우리의 역할은 정확히 어떻게 달라질까? 인류 문명을 우주적 재앙으로부터 보호하기 위해, 우주로 가는 이 새로운 통로를 어떻게 활용할 수 있을까? 인류가 장기적으로 살아남고자 한다면, 무엇보다 힘을 갖추고 우주로 뻗어나가는 것에 신경을 써야 할 것이다. 우리는 우리가 살아가는 우주에 대해 더 많이 알아야 한다. 지구뿐만 아니라 태양계 전체가 우리의 집이기 때문이다.

지구와 우주는 밀접하게 연결되어 있고, 우주 엘리베이터는 이 둘을 연결시키는 이상적인 출발점인 듯하다. 사실 지구는 우주를 관찰하기에 이상적인 장소가 아니다. 맑고 깜깜한 밤에 하늘을 올려다보면 수많은 별들이 반짝이는 모습에 가히 경탄하게 된다. 그러나 사실 우리 눈에 보이는 무수한 별들은 극히 작은 부분에 지나지 않는다. 그리고 날씨가 좋지 않으면 이런 창조차 닫혀버린다. 우리와 우주 사이에 대기가 존재하기 때문이다. 약 100킬로미터 두께의 대기층은 지구 전체 부피를 생각하면 아주 얇은 층이지만, 천문학자들의 시야를 가리고 애를 먹이기엔 충분하다.

우주를 들여다보는 것은 쉽지 않다

천문학자가 제대로 관측하는 데 어려움을 겪게 되는 것은 무엇보다 대기 중에 있는 물 때문이다. 지표면 가까이에서 수증기가 차지하는 비율은 대기 중 모든 가스의 1퍼센트 남짓밖에 되지 않는다. 그런데 이런 약간의 물이 안개, 구름이 되어 연구자들의 시야를 가린다. 하늘에 구름이 끼어 있으면 천문대 천장을 열어봤자 헛수고다.

한편 맑은 밤이라고 대기의 방해가 없는 건 아니다. 공기라고 해서 다 같은 공기가 아니기 때문이다. 공기는 밀도와 온도가 서로 다른 다양한 층이 있고 모든 것이 끊임없이 움직인다. 광선의 속도는 그것이 통과하는 매질에 따라 달라진다.[42] 다양한 대기층이 다양한 강도로 빛에 브레이크를 건다. 그래서 별빛은 지구의 공기막을 똑바로 횡단하지 않고 굴절된다. 지표면에서 보면 대기가 불안정한 정도에 따라 별빛은 하늘의 서로 다른 장소에서 오는 것처럼 보이고, 깜빡깜빡하기도 하고, 이리저리 뜀뛰기를 하기도 한다. 천문학자들은 이런 현상을 '시상seeing'이라 부르는데, 이는 관측을 상당히 방해하는 요인이다.

먼 별들과 은하의 빛은 아주 약해서 관측을 통해 뭔가를 보고자 한다면 노출 시간을 길게 주어야 한다. 노출 시간이 길어지면 별이 이리저리

42 광속은 진공에서만 이론상 최대의 빠르기인 초속 29만 9792.458킬로미터에 달한다. 공기나 유리, 물속을 횡단할 때면 속도가 약간 느려진다. 하지만 많이 느려지지는 않아서, 지표면 근처 대기에서도 광속은 초속 29만 9710킬로미터이며, 물속에서는 초속 22만 5000킬로미터 정도이다.

뛈뛰기하는 것처럼 보여서 영상이 불명확해진다. 학자들은 이런 점을 보완하기 위해 여러 가지 기술을 개발했다.[43] 그러나 대기를 거치지 않고 관측할 수 있다면 가장 좋을 것이다.

사실 공기 중의 물은 다른 방식으로도 관측을 방해한다. 우리 눈으로 볼 수 있는 빛은 파장이 380~780나노미터(100만 분의 1밀리미터) 사이의 전자기파로 구성된다. 단파장의 빛은 우리 눈에 보라색 내지 파란색으로 보이고, 장파장의 빛은 주황색 내지 붉은색으로 보인다(중간 파장은 초록색 내지 노란색이다). 그러나 전자기파는 그보다 훨씬 길거나 짧은 파장도 가질 수 있다. 전체의 전자기 스펙트럼은 1조 분의 1미터밖에 안 되는 극단적으로 짧은 파장부터 몇십만 킬로미터에 이르는 극단적으로 긴 파장까지를 포괄한다. 가령 전자레인지가 방출하는 전자기파인 마이크로파는 파장이 12센티미터인데, 이 역시 '빛'이다. 다만 우리 눈으로 볼 수 없는 빛일 뿐이다. 그런 빛을 보기에는 우리의 동공이 너무 작기 때문에 감각세포는 이런 전자기파를 감지할 수 없다. 하지만 우리가 더 큰 눈을 가지고 있어 그것을 감지할 수 있다면 마이크로파는 밝게 빛날 것이다. 나아가 우리 눈이 그보다도 더 크다면, 라디오와 텔레비전 신호를 보내기 위해 사용하는 '빛'들도 눈에 보이게 될 것이다. 이 모든 것 역시 빛이기 때문이다. 우리는 그중 아주 작은 부분만 볼 수 있을 뿐이

43 가령 현대 망원경은 레이저 광선으로 하늘에 인공 별을 투영한 다음, 그 깜박임을 정확히 측정할 수 있다. 그리고 그 데이터를 컴퓨터로 보내 실시간으로 분석해, 시상 효과가 줄어들게 반사경을 조절하는 데 활용한다.

다. 그리고 그런 빛들을 '가시광선'이라 부른다.

우리는 세월이 흐르면서 스펙트럼의 나머지 것들을 탐지할 수 있는 기계를 제작했다. 하지만 이런 인공의 눈을 사용해도 우주를 들여다보는 것은 쉽지 않다. 대기의 물, 그리고 기체(가령 오존)들이 전자기파를 부분적으로 차단하기 때문이다. 별과 은하는 '보통의' 빛 외에도 감마선, 뢴트겐선, 자외선, 적외선을 방출하는데, 지구 대기층은 이것들을 차단한다. 그래서 우리가 있는 곳에는 광스펙트럼에 속한 빛들과 약간의 라디오파(전파)만이 도달한다. 사정이 이러하다 보니 지구에서는 광학 천문학과 전파 천문학만 가능하다. 그런데 이런 학문으로는 우주에서 나타나는 몇몇 현상을 이해하는 데 역부족이다.

5장에서 우리는 어떤 소행성이 주로 암석으로 되어 있는지, 혹은 금속으로 되어 있는지를 먼 곳으로부터 관측해서 알아내기는 어렵다는 것을 알 수 있었다. 학자들은 소행성이 태양의 적외선을 어떤 방식으로 반사하는지를 관측해야 하는데, 그러한 관측을 지구에서 하기는 쉽지 않기 때문이다.[44] 망원경을 우주로 보내는 이유, 또 어떤 것들은 대기 밖에서만 관찰할 수 있는 이유가 여기에 있다. 가령 우주 X선이나 감마선을 관찰하려면 '반드시' 지구를 떠나야 한다.

하지만 지구를 떠나는 데에는 우리가 앞에서 살펴보았던 많은 문제가

44 유럽 남천문대의 거대 망원경이 설치될 칠레 아타카마 사막의 산 정상처럼 고도가 높고 건조한 지대에 망원경을 설치하면 공기가 건조해서 우주에서 오는 적외선도 약간이나마 관측할 수 있다.

동반된다. 예컨대 커다란 과학 기구를 일반적인 로켓에 실어 우주로 보내는 일은 막대한 비용이 든다. 뿐만 아니라 어떤 기구들은 이런 방식으로 수송하는 것 자체가 아예 불가능하다. 예민한 기구들은 불안한 로켓 여행의 고역을 견뎌낼 수가 없기 때문이다. 또한 우주 계획은 몇 년 혹은 몇십 년 앞서 계획하고 실행해야 하는데, 드디어 망원경을 우주로 날려 보낼 수 있을 때가 되면 그 망원경은 이미 구식이 되어버리기 십상이다. 그리고 우주 망원경은 어딘가에 고장이 나기라도 하면, 수리하는 데 엄청난 비용이 들거나 수리 자체가 불가능한 경우도 있다.

오늘날 아주 유명한 허블 우주 망원경은 1990년 4월에 지구 위로 쏘아졌다. 그러나 이후 3년간 허블 우주 망원경은 주변의 높은 기대를 채우지 못하고 학문적으로 거의 무용지물이 되었다. 허블이 보낸 사진은 몹시 흐릿했다. 품질 관리를 맡은 측정기의 오류로 허블의 제1반사경이 정확한 형태로 연마되지 못했던 것이다. 이런 오류는 안타깝게도 허블 우주 망원경이 우주에 띄워지고 나서야 발견되었다. 이에 미국항공우주국은 우주왕복선과 우주 비행사들을 보내 수리하기로 했으며, 1993년 12월에야 오류가 있는 기구를 수거하고 새로운 반사경과 그 외 기기들을 장착해 넣을 수 있었다. 허블이 지구상의 천문대에 있었더라면, 수리는 훨씬 빠르고 간단하게 진행되었을 것이며 수리비도 대폭 절감되었을 것이다. 하지만 우주에 있었기 때문에 막대한 수리비를 들여야 했다. 이런 이유로 그다음 세대의 큰 천문대들은 지구상에 세워졌다.[45] 2020년대 중반 완공될 직경 39.3미터짜리 세계 최대 망원경인 '유럽 초대형 망원경European Extremely Large Telescope' 역시 우주가 아니라 칠레의 사막에 세워지고 있다. 이곳에서는 대기로 인한 방해 요소도 있겠지만, 대신 수리 작업 같은 것은 빠르게 이루어질 수 있다. 또한 시스템도 정기적으로 업그레이드해줄 수 있을 것이다.

물론 가장 좋은 방안은 지상의 천문대를 우주 천문대와 연결시켜 운영하여 이 둘이 가진 장점을 고르게 이용하는 것이겠다. 우주에 관측 센터를 건립하려면, 관측을 방해하는 대기가 없고 지구에서 40만 킬로미터 이상 떨어져 있지 않은 천체가 하나 필요하다. 그런 천체가 하나 있기는 하다. 바로 달이다!

천문학자들은 오래전부터 달에 천문대를 건설할 수 있지 않을까 생각해왔다. 그러나 이 역시 다른 대규모 우주 프로젝트와 마찬가지로 아직 '비전'에만 머물러 있다. 달에 천문대가 있으면 정말 좋을 것이다. 달에는 관측을 방해하는 대기도 없을뿐더러 중력도 약하다. 그래서 커다란 우주 망원경을 제작하고 설치하는 데 유리하다. 게다가 달은 늘 같은 면을 지구로 향하고 있으므로, 지구로부터 완전히 가려진 반대편은 전파천문학을 하기에 적절한 장소다. 지구 근처의 다양한 기기들이 방출하는 전기 신호들의 방해 없이, 우주 깊은 곳을 들여다볼 수 있는 이상적인 환경인 것이다.

달에 천문대를 건설하면 우주의 '어두운 시대', 즉 빅뱅이 있고 나서 첫 별들이 생성되기까지의 시대를 들여다볼 수 있을 것이다. 이 시대에

●●●

45 허블 우주 망원경의 뒤를 이을 '제임스 웹 우주 망원경'은 비용상의 이유로 계획 단계에 머물러 있었는데, 다행히 2019년에 우주로 발사될 것이라는 소식이다.

대해서는 오늘날 알려진 것이 거의 없다. 지금 우리의 기기들은 이런 먼 곳, 즉 먼 과거까지 들여다볼 만큼 감도가 높지 않기 때문이다. 그러나 달에서는 가능할 것이다. 달 천문대는 소행성 방어를 위한 조기 경보 시스템에도 중요한 역할을 할 수 있을 것이다. 4장에서 이미 살펴본 바대로, 위험할지도 모르는 소행성을 일찌감치 관측하는 일은 정말이지 중요하다. 작은 소행성을 발견하기란 어려운 일이지만, 우주나 달에서는 관측 조건이 훨씬 유리하다.

지금까지 소행성을 방어하기 위해 우주 망원경을 띄우는 일은 너무나 비용이 많이 드는 일로 간주되었다. 비록 우주 망원경으로 관측하는 것이 아주 유용하긴 해도 말이다. 두 개 이상의 망원경을 지구 가까이, 전략적으로 유리한 장소에 위치시키고[46] 그것들이 함께 소행성을 수색하게 하면 좋을 것이다. 소행성이 발견되면 망원경들이 서로 다른 시각에서 소행성을 관측할 수 있을 것이다. 또 지금처럼 지구에서만 관측하는 상태에서보다 소행성의 궤도도 더 빨리 알아낼 수 있을 것이다. 이런 시스템은 기술적으로 가능하며, 어떻게 실현할 수 있을지 천문학자들의 아이디어도 부족하지 않다. 그러나 현재 이런 소행성 방어 계획은 다른 여러 가지 우주 계획과 겨루어야 하고, 항공우주기구의 몇 안 되는 로켓 자리를 놓고도 다투어야 한다. 그러니 달 위에 천문대를 건설하는 일은 유감스럽게도 아직 사이언스 픽션에 가깝다고 하겠다.

46 태양과 지구의 중력이 균형을 이루어 서로 상쇄되는 라그랑주 점이 가장 좋은 위치가 될 것이다.

그러나 미래에는 우주 엘리베이터가 있지 않겠는가! 우주 엘리베이터가 있으면 우주 망원경을 얼마든지 엘리베이터에 실어 우주로 보낼 수 있다. 그렇게 되면 소행성 방어를 위한 네트워크도 무리 없이 구성할 수 있다. 아니, 구성해야 한다. 우리는 우리 자신만 보호하고자 하는 것이 아니고 우주와 인류의 연결 또한 지켜내야 하기 때문이다. 우주 엘리베이터만 생기면 소행성과 우주 쓰레기 방어를 위한 조기 경보 체계를 구축하는 것은 문제가 되지 않을 것이다.

그렇게 되면 또한 달 천문대에 대한 계획도 더 이상 사이언스 픽션같이 들리지 않을 것이다. 물론 달에 지속적으로 사람이 상주할 수 있는 유인 기지를 건설하는 것은 쉬운 일이 아니다. 하지만 건설할 수만 있다면 유인 기지는 우리에게 굉장히 이로울 게 분명하다. 4장에 기술한 소행성 방어 노력이 불발되고 커다란 암석 덩어리가 지구를 향해 날아오고 있다고 가정해보자. 그러면 정말로 대량 멸종이 일어나고, 지상의 문명이 송두리째 파괴되며 지구는 오랫동안 생명체가 거주하지 않는 황량한 곳이 될 것이다. 정말 끔찍한 일이 아닐 수 없다. 하지만 그것이 곧 인류의 끝은 아니다. 달 기지에 상주하는 사람들은 아마 이런 재앙을 견디고 살아남을 것이기 때문이다. 만약 달 거주지가 자급자족이 가능하고 외부의 도움 없이도 유지되는 곳일 수 있다면, 사람들은 달에 거주하면서 지구의 사정이 안정되기를 기다릴 수 있다.

물론 달 거주지가 생긴다고 소행성 충돌을 막을 수 있는 건 아니지만, 달 기지가 안전한 대피소 기능은 할 수 있다. 인류가 더 이상 하나의 천체에 매여 있을 필요가 없다면, 하나의 재앙으로 인해 멸종을 맞이하는 일은 생기지 않을 것이다. 한편 인간이 우주에 거주하게 된다면, 새로운 위험들도 마주하게 될 것이다. 우리가 지금으로서는 잘 알지 못하는 그런 위험들 말이다. 그중 어떤 위험에 대해서는 대략적으로 알려져 있는데, 그런 것들을 알고 나면 사람들은 우주에서 생활하고 싶다는 생각을 할 수 없게 될지도 모른다.

태양폭풍의 눈

우주에서 우리 인간을 노리는 커다란 위험 중 하나는 눈에 보이지 않는 것이다. 지구에 있는 한 이 위험으로부터 안전했던 인간은 대기의 보호막을 떠나는 순간, 위험을 피할 수 없다. 텅 빈 공간처럼 보이는 우주에는, 사실 인간에게 매우 해로운 우주 방사선cosmic rays(우주선)이 날아다니고 있기 때문이다.

우주 방사선[47]은 입자로 구성된다. 대부분은 단순한 양성자, 즉 원자핵을 구성하는 입자이며, 전자와 이온화된 원자(전자껍질의 전자들을 잃어버린 원자들)도 일부 포함되어 있다. 이 모든 입자들이 어디에서 오는지 아직 정확히 규명되어 있지는 않다. 그러나 우리는 그중 대부분이 태양

47 '우주배경복사'와 혼동해서는 안 된다. 우주배경복사는 빅뱅 뒤에 생겨난 것으로 마이크로파로 이루어진다.

에서 유래한다는 것을 알고 있다.

우리의 태양은 빛을 방출할 뿐 아니라, 끊임없이 입자의 흐름을 내보낸다. 이런 흐름을 '태양풍'이라 부른다. 태양은 뜨거운 플라즈마로 구성된 거대한 구이다. 그런데 태양 대기의 바깥층에서 엄청나게 높은 온도와 강력한 자기장으로 인해 일부 플라즈마 입자는 빠른 속도로 운동을 하게 되고, 그러다 보면 태양의 인력에서 벗어나게 된다. 그리하여 태양은 초당 약 10억 킬로그램의 물질을 태양풍의 형태로 떠나보낸다. 많은 양처럼 들리지만, 태양의 어마어마한 전체 질량을 고려하면 새 발의 피에 불과하다. 태양의 생성 이후 근 50억 년 동안 이런 입자의 흐름으로 태양이 잃어버린 질량은 전체 질량의 약 0.01퍼센트다.

태양풍은 태양을 이루는 물질로 구성된다. 주로 수소다. 모든 원자 중 가장 단순한 원자인 수소는 원자핵에 양성자가 단 하나뿐이고, 그 양성자 주위를 역시 하나뿐인 전자가 돌고 있다. 하지만 온도가 너무 높다 보니 양성자와 전자는 더 이상 결합 상태를 유지할 수가 없다. 그래서 태양풍에는 양성자와 전자가 개별적으로 돌아다니며, 온전한 수소 원자는 찾아볼 수 없다.

태양빛처럼 태양풍 입자들 역시 우주로 방출된다. 그러나 지구에서는 염려하지 않아도 된다. 이중의 보호막이 태양풍 입자들로부터 우리를 지켜주기 때문이다. 첫 번째 보호막은 지구의 자기장이다. 태양풍 입자들은 전하를 띠고 있으므로, 이런 자기장에 부딪혀 우주 바깥으로 튕겨나간다. 튕겨나가지 않고 지구 가까이에서 길을 잃은 입자들은 지구의 대기막과 만나, 공기 분자들과 충돌하여 저지당한다. 그래서 지표면에는 거의 도달하지 않는다. 지구상에서 우주 방사선의 존재를 알 수 있는 유일한 표지는 극지방과 극지방에서 가까운 고위도 지방에서 볼 수 있는 오로라 현상이다. 이런 현상은 우주에서 온 입자들이 지구의 자기장과 정면으로 만나지 않고, 자기장선magnetic field lines을 따라 극 쪽으로 몰리기 때문에 발생한다. 그곳에서 입자들이 공기 분자들과 충돌하게 되고, 그때 방출되는 에너지가 우리 눈에 멋진 빛으로 보이게 된다(대기 중의 산소원자와 충돌할 때는 초록색이나 빨간색, 질소 원자와 충돌할 때는 파란색이나 보라색이 된다). 하지만 이런 현상 역시 지면에서 100~200킬로미터 상공에서 일어나므로 걱정할 이유가 없다.

때로는 태양풍이 약간 더 강해져서 태양폭풍으로 변할 때도 있다. 태양은 멀리서 볼 때만 고요하고 평화롭지, 가까이 가면 정말이지 난리법석을 떠는 불덩어리다. 물이 냄비에서 끓는 것처럼 뜨거운 물질들은 내부로부터 위쪽으로 올라오고, 그보다 온도가 낮은 물질들은 다시금 아래로 가라앉는다. 하지만 원자들이 고온으로 인해 전자껍질의 전자를 모두 잃어버리고 전기를 띠고 있기 때문에, 이들은 자기장의 영향을 받는다. 태양의 자기장은 플라즈마의 운동을 제어할 수도 있고 부추길 수도 있다. 다른 한편으로는 전하를 띤 입자들의 운동으로 인해 자기장이 생겨나기도 한다. 그래서 엄청난 카오스가 빚어지며, 다르게 말하자면 '합선Short Circuit'가 일어나기도 한다. 물질들이 마구 소용돌이치는 자기장은 스스로 걸림돌이 되어 합선을 일으키고, 거기서 방출되는 에너지는 많은 양의 태양 플라즈마를 우주로 분출시킨다. 이런 폭발을 '코로나 질량 방출CME: Coronal Mass Ejection'이라고 한다. 운이 없는 경우 지구는 바로 이런 '태양폭풍'을 맞게 된다.

물론 우리에겐 여전히 대기와 자기장이 버티고 있다. 하지만 강력한 태양폭풍이 들이닥치면 지구의 자기장은 일시적으로 움푹 패게 된다. 이때 지구 자기장이 요동치는 것을 지표면에서도 측정할 수 있다. 그러면 이런 요동은 전파 통신을 방해할 수도 있고, 전력 공급선 같은 기다란 전기 도체에 합선을 일으켜 정전을 유발할 수도 있다. 그러나 이런 일은 아주 드물게 일어난다. 지금까지 우리는 큰 태양폭풍들을 무사히 넘겼고, 기껏해야 한층 선명한 오로라를 볼 수 있는 것으로 기뻐했다.

밴앨런대의 위협

그러나 우주에 나가면 사정이 약간 달라진다. 대기권 밖으로 나가는 즉시 우리는 무방비 상태가 된다. 지표면에서는 한 명당 연간 약 0.3밀리시버트(mSv)[48]의 우주 방사선에 노출된다. 지구에서 노출되는 전체의 자연 방사선과 비교할 때 전혀 많은 양이 아니다. 알고 보면 암석 같은 것에도 약간의 방사성 원소들이 포함되어 있기 때문에 연간 지구에서 노출되는 방사선량은 약 2~3밀리시버트는 된다. 여기에 X선 사진 등 인간이 만든 의료 방사선도 추가된다. 의료 방사선은 어느 부위를 찍

48 시버트(Sv)는 방사선이 방출한 에너지를 인체가 흡수하는 정도를 에너지 값으로 표시한 단위이다. – 옮긴이

느냐에 따라 0.01밀리시버트(팔, 다리의 X선 촬영)에서 약 10밀리시버트(CT 촬영)에 이른다. 정상적으로 가동되는 원자력 발전소와 이전의 핵무기 실험으로 인해 노출되는 방사선량은 반면 0.01밀리시버트 정도로 미미한 편이다. 독일 정부는 자연적인 피폭량을 제외한 상태에서 일반인의 방사선량 한도를 연간 1밀리시버트 정도로 정해놓았다(물론 의료 방사선은 제외한 것이다). 방사선과 의사 등 방사선을 자주 접하는 직업군의 경우 연간 최대 허용량은 20밀리시버트지만, 직업 활동을 통틀어 400밀리시버트는 넘지 않도록 정하고 있다.

그런데 우주 공간에 체류하는 경우에는 이런 한도를 훌쩍 넘게 된다. 일반적인 비행기를 타고 고도 10~12킬로미터로 비행하는 것만으로도 대기의 보호막을 잃어버리기에 충분하다. 그 때문에 의사뿐만 아니라 조종사와 승무원도 방사선 피폭량이 많은 직업군에 속한다. 비행 시간, 비행 루트, 비행 고도에 따라 연간 피폭량이 한 명당 7밀리시버트에 달할 수도 있으며, 평균적으로는 2.4밀리시버트 정도다. 인간이 비행기 순항 고도에 지속적으로 체류한다면, 연간 약 40밀리시버트의 방사선에 노출될 것이다. 약 400킬로미터 고도에 있는 국제우주정거장에 머물 경우 연간 노출량은 약 150밀리시버트다. 그리하여 우주 비행사들은 사고 확률이 결코 무시할 수 없는 수준(1986년과 2003년에 있었던 우주왕복선 사고가 이를 인상적으로 입증했음)인 우주 비행선에 생명을 맡겨야 한다. 뿐만 아니라 보호의 역할을 하는 지구 대기막 바깥에서 상당 시간을 체류함으로써 겪는 방사선 피폭, 그리고 그로 인한 후유증도 감수해야 한다.

유럽의 우주 비행사의 경우 연간 선량 한도가 500밀리시버트로 정해져 있으며, 직업 활동 기간을 통틀어 1000밀리시버트를 초과해서는 안 된다. 이것은 지금으로서는 큰 문제는 아니다. 우주정거장 승무원들은 정기적으로 교대 근무를 하므로 그 누구도 이런 선량 한도를 초과할 만큼 우주에 오래 머무르지는 않는다. 하지만 우리가 달이나 화성에 지속적으로 체류하고자 한다면, 우주 방사선 피폭에 대해 고민을 해봐야 할 것이다.

지금까지 지구에서 가장 멀리 갔던 사람들은 아폴로 미션을 수행했던 우주 비행사들이었다. 달로 가는 비행에서 그들은 여러 날 동안 우주 방사선에 노출되었을 뿐 아니라, 그 전에 특히나 위험한 지역을 통과해야 했다. 그 지역이 바로 밴앨런대Van Allen Belt, Van Allen Radiation Belt이다.[49] 이 방사능대는 전하를 띤 태양풍 입자들로 이루어져 있다. 이런 입자들이 지구 자기장에 붙잡혀, 이중의 도넛 모양으로 지구를 두르고 있는 것이다. 내대(내층)는 약 700~6000킬로미터 사이에 분포하며, 외대(외층)는 지표면으로부터 1만 5000 내지 2만 5000킬로미터 사이에 있다. 정확한 값은 왔다 갔다 한다. 자기장의 세기가 언제 어디서나 같지 않고, 얼마나 많은 태양폭풍이 발생했느냐에 따라 밴앨런대의 입자들이 많았다 적어졌다 하기 때문이다.

최악의 경우 밴앨런대에서는 '시간당' 200밀리시버트의 방사능에 피폭된다. 그러나 아폴로 미션의 우주 비행사들은 그 정도로 피폭되지는

49 1958년 미국이 수행한 최초의 인공위성 미션인 '익스플로러 1호'와 '익스플로러 3호'를 통해 이런 방사능대의 존재를 증명한 미국의 물리학자 제임스 밴 앨런Van Allen의 이름을 딴 것이다.

않았다. 짧은 시간에 밴앨런대를 통과했을 뿐 아니라, 우주선이 방사능을 차단해줬기 때문이다. 그들은 또한 방사능 수치가 특히 높을 때 비행하지도 않았다. 물론 아폴로 미션 우주 비행사의 경우 비행할 때뿐만 아니라 대기나 자기장 같은 보호 장치가 없는 달 표면에서도 방사능을 받았을 것이다. 우주 곳곳에서 만나는 일반적인 방사선 말이다. 그렇게 해서 종합해 보았을 때 아폴로 우주 비행사들의 피폭량은 약 2~10밀리시버트에 달했을 것으로 추정된다. 이는 지표면에서의 일반적인 수치에 비하면 많은 양이다. 비록 항공우주기구들이 규정한 한도 내에 있는 양이지만 말이다.

만약 우리가 오랫동안 또는 지속적으로 지구 대기 밖에 머물고자 한다면, 사정은 더 위험해진다. 밴앨런대를 통과해야 하는 우주 엘리베이터도 예외는 아니다. 우주 엘리베이터는 로켓 발사에 들어가는 막대한 비용을 절약해준다. 그러나 방사능이 강한 지역을 통과해야만 한다. 역사적인 달 착륙 미션을 수행하기 위해 한두 번 그렇게 하는 것은 용인될 수 있을 것이다. 그러나 계속해서 엘리베이터를 타고 오르락내리락한다면 건강에 치명적인 양에도 훌쩍 도달하게 된다. 화성으로의 비행도 마찬가지다. 사실 화성에 다녀오는 것은 달에 다녀오는 것보다 훨씬 오래 걸린다. 아예 다른 천체로 이주하겠다는 사람들은 더 말할 것도 없다.

우주 방사선을 막아주는 보호막

우주 방사선이 생기는 것은 막을 수가 없다. 그러나 그것으로부터 우리를 보호할 수는 있다. 지구에서는 대기층이 우리를 보호해준다. 그러나 우주에서는 우리 스스로 보호막을 만들어야 한다. 지표면에는 1제곱센티미터당 1킬로그램의 공기가 있다. 인간은 진화 과정에서 이런 양의 자연적인 보호층과 더불어 살아가는 법을 배웠다. 그러므로 우리가 우주에서 이런 보호층과 비슷한 차폐遮蔽 장치를 만들 수 있다면 지구에서처럼 우주 방사선으로 인해 별다른 피해를 보지 않을 수 있을 것이다. 물론 지구의 공기를 전부 다 우주로 수송할 수는 없는 일이다. 하지만 공기보다 더 밀도가 높은 물질을 사용하면 같은 효과를 낼 수 있다.

국제우주정거장은 차폐 재료로 알루미늄을 사용했다. 그러나 유감스럽게도 우주 방사선 문제는 보기보다 복잡하다. 모든 위험한 입자가 태양에서 비롯되는 것은 아니기 때문이다. 우주 방사선은 우주의 다른 곳에서도 발생한다. 가령 커다란 별들이 생애를 마치며 어마어마한 폭발을 통해 남은 물질들을 우주로 분출해버릴 때도 방사선을 뿜어낸다. 또 낯선 은하 중심에 위치한 거대한 블랙홀에서도 방사선이 나온다. 블랙홀이 기체와 먼지를 회전시키다가 삼키기도 하지만, 블랙홀의 중력 때문에 속도가 너무 빨라진 입자들이 은하 밖으로 튕겨져 나오기도 하기 때문이다. 이것들은 태양풍 입자들보다 훨씬 더 높은 에너지를 갖는다. 그래서 가령 ISS의 알루미늄 차폐막에 이런 입자들이 충돌하면, 새로운 입자들로 구성된 '입자 소나기particle shower'[50]를 만들어낸다(입자 가속기에서 입자들이 충돌할 때 새로운 입자가 만들어질 수 있는 것처럼 말이다). 그러면 다시금 이런 입자들로 인한 방사선량이 추가된다. 그래서 ISS에는 플라스틱으로 된 차폐막도 설치되어 있다. 플라스틱의 가벼운 구성 성분은 우주 방사선이 충돌해왔을 때 새로운 입자들이 많이 생기지 않게 하기 때문이다. 하지만 이런 이중의 차폐도 효과가 아주 훌륭하지는 않아서, 우주 비행사들은 여전히 다량의 방사선에 피폭되는 것을 감수해야 한다.

우리가 방사선을 차단하는 방법을 모르는 것은 아니다. 원자력 발전소나 방사 물질을 다루는 다른 시설에서는 두툼한 납층으로 방사선을 차폐한다. 또 원자력 발전소에서 사용한 연료봉은 깊은 물속에 담근다. 물도 방사선 차단 효과가 뛰어나기 때문이다. 20센티미터 두께의 물은

●●●

50 고에너지 입자와 물질이 충돌할 때 생성되는 딸 입자들을 칭하는 입자물리학 용어이다.—옮긴이

1센티미터 두께의 납 벽이나 150미터의 공기와 맞먹는 효과를 낸다. 그러나 무거운 납이나 대량의 물을 우주로 수송하는 것은 너무나 비용이 많이 드는 일이다. 달에 1제곱미터의 면적에 높이 2미터의 공간(기본적으로 전화 부스와 비슷한 크기)을 마련하고, 여기에 지표면의 조건과 맞먹는 정도의 방사선만 들어오도록 차폐 공사를 하고자 한다면, 100톤의 물질이 필요할 것이다. 세계 최대의 로켓이었던 아폴로 계획의 새턴 V 로켓을 동원해도 다섯 번은 왔다 갔다 해야 실어 나를 수 있는 양이다. 이를 위해 비용은 엄청나게 들 것이고, 결국 그렇게 해서 얻은 차폐 공간이라 해봤자 딱히 어디에 쓸 데도 없는 수준의 작은 공간일 것이다.

그래도 달은 지구로부터 약 40만 킬로미터 떨어져 있다. 며칠이면 갈 만한 거리다. 하지만 화성으로 날아가고자 한다면, 기본적으로 몇 달간의 비행에서 방사선에 피폭될 것에 대비해야 한다. 뿐만 아니라, 그곳에 방사선 차폐 시설을 지을 만한 물질을 가지고 가야 할 것이다. 언감생심 화성을 식민지로 삼으려 하는 건 고사하고, 그냥 잠시 방문만 하려 한다고 해도 말이다. 화성과 지구는 모두 태양을 공전하고 있지만, 서로 다른 빠르기로 운동하고 있다. 그래서 화성과 지구 간의 거리는 때로는 더 가까워지기도 하고, 아주 멀어지기도 한다.

한편 이러한 이유로 화성으로의 비행은 지구에서 화성까지의 비행 시간을 단축할 수 있는 시점에 하는 것이 좋고, 지구로의 귀환 비행도 그에 맞추어 계획해야 한다. 이른바 '하늘 문이 열리는 시간launch window(발사 가능 시간대)'은 26개월에 한 번씩 찾아온다. 그런데 화성까지의 비행은 약 6개월 내지 10개월이 걸리므로, 돌아오는 거리도 최대한 단축하려면 화성에서 몇 주 머물렀다가 얼른 다시 돌아와야 한다. 아니면 약 2년을 기다려서 다음번 '하늘 문이 열리는 시간'을 기다려야 한다. 하지만 그러려면 방사선을 차폐할 수 있는 방법을 강구해야 한다. 지구와 달리 화성에는 우주에서 오는 위험한 입자들을 저지할 수 있는 자기장이 없기 때문이다.

게다가 화성의 대기는 극도로 엷어서 보호 역할을 거의 하지 못한다. 2012년 여름부터 화성을 탐사 중인 화성 탐사로봇 큐리오시티Curiosity가 화성으로 쏟아지는 우주 방사선의 양을 측정한 결과, 2012년 8월에서 2013년 6월 사이에 하루당 기록된 방사선량이 0.67밀리시버트였다. 전형적인 화성 미션을 수행할 경우, 우주 비행사에게 노출될 방사선의 양은 총 1000밀리시버트에 이를 것으로 전망된다. 이것은 현재 항공우주기구가 규정한 한도를 훌쩍 뛰어넘는 양으로, 이 정도의 양에 피폭될 경우 치명적인 암에 걸릴 확률이 높아진다. 탐사선이 화성까지 비행하는 동안에 노출된 방사선량도 측정되었는데, 측정기가 일반적으로 우주 비행사들이 비행할 때의 수준으로 방사선을 차폐한 탐사선 내부에 있었음에도 불구하고 하루에 1.8밀리시버트를 기록했다.

지구를 떠나는 것은 이렇게나 위험한 일이다. 우주 공간에서 체류하든 다른 천체 표면에서 체류하든, 우리는 우주 방사선을 무시할 수 없다. 이에 대처하는 것은 아직 어려운 일이다. 우주선이건 우주정거장이건, 화성이건 달 기지건 간에 효과적으로 차폐하는 것은 많은 재료를 요하는 일이다. 그리고 그런 재료를 로켓으로 실어 나르는 것은 불가능하거나 황당무계한 비용으로만 가능한 일이다. 물론 이런 문제에 대한 대처 방안이 연구되어오긴 했다. 우주선이나 달 기지를 인공 자기장으로 둘러 자기장을 차폐막으로 이용하는 방법도 제안되었다. 그러나 납으로 된 두꺼운 벽과 달리 자기장 우산은 고장이 날 수도 있다. 그리고 자기장이 우주선이나 우주정거장의 전자기기에 어떤 영향을 끼칠지도 알 수 없다. 아직 우주에서 이런 유의 실험이 이루어진 적은 없기 때문이다. 우주를 비행하는 것이 아니라, 다른 천체에 체류하는 경우라면 현지의 자원을 활용할 수도 있을 것이다. 달 먼지 층을 파고들어가 달 지하에 기지를 건설하거나, 동굴을 찾아서 거기에 거주하는 방법도 있다.

그러나 우주 엘리베이터가 있다면 이 모든 일은 크게 걱정할 필요가 없다.[51] 또는 우리가 소행성의 자원을 활용하는 법을 배운다면, 소행성이 함유하고 있는 물을 연료와 숨 쉴 공기로 가공할 수 있을 뿐 아니라, 우주 방사선 차폐물로도 활용할 수 있다.

달, 그리고 화성이라는 대안

우주 엘리베이터가 우주 방사선 문제를 해결하는 데 도움을 줄 수는 있겠지만, 그럼에도 불구하고 우주는 우리 인간에게 완전히 안전한 장

---

51 물론 우주 엘리베이터도 다른 우주선들처럼 차폐 장치가 필요하다. 그러나 여행자들이 엘리베이터에 그리 오래 머무르지 않으므로 선량 한도치는 장기간의 우주여행만큼 커다란 문제가 되지 않는다.

소는 아니다. 우주에는 우리가 아직 잘 알지 못하는 많은 위험들이 도사리고 있다. 무중력 상태도 인체에 영향을 준다. 우주에서는 근육이 손실되고, 골밀도가 감소되며, 장기들도 제 기능을 하지 못한다. 지금까지는 우주 공간에 '정말로' 오래 살았던 사람이 아무도 없기 때문에 무중력 상태가 오래 지속될 때 인체가 어떤 반응을 하게 될지 우리는 아직 잘 모른다.[52] 그리고 몇 달, 혹은 몇 년씩 비좁은 우주선에서 비행하는 것이 우주 비행사들에게 심적으로 어떤 후유증을 남길지도 알지 못한다. 그리고 마지막으로 무시할 수 없는 질문은 바로 이것이다. '우리는 대체 어디로 가고자 하는가? 우리 태양계에 지구를 제외하고 인류가 살기에 적합한 행성은 없는데 대체 어디로?'

태양에서 가장 가까운 행성인 수성은 대기가 없는 암석행성으로 달과 비슷하지만, 생존 조건은 달보다 더 열악하다. 온도는 최고 섭씨 430도까지 치솟고, 최저 영하 173도까지 떨어진다. 수성에도 달과 비슷하게 몇몇 그늘진 크레이터 속에 얼음이 존재한다는 것이 알려져 있다. 이런 얼음을 채굴하는 것도 가능하며, 지하에 인간이 머무를 기지를 건설할 수도 있을 것이다. 그러나 태양계의 가장 안쪽 행성인 수성은 분명히 인간이 살기에 적절한 장소는 되지 못한다. 그러므로 먼 미래에 인간을 수성으로 보낸다면, 그것은 그저 연구 목적으로 태양 가까이에서 여러 가지 실험을 해보기 위한 것에 불과할 것이다. 지구와 이웃한 금성도 살

●●●

52 현재까지 최장 우주 연속 체류 기록을 세운 사람은 러시아의 발레리 폴랴코프Valeri Vladimirovich Polyakov로, 그는 총 437일 18시간을 우주정거장 미르 호에서 보냈다.

곳으로는 부적합하다. 금성에는 대기가 있기는 하지만, 거의 이산화탄소로 되어 있다. 또한 대기가 굉장히 짙어서 온실효과로 인해 표면 온도가 거의 섭씨 500도까지 올라간다.

그러므로 우선은 달과 화성이 그나마 현실적인 대안으로 남는다. 달은 지구에서 가깝다는 점에서, 그리고 이번 장 초반에 언급한 학문적인 이유에서 가장 유력한 후보다. 하지만 달에 거주하려면 우선은 지속적으로 유지 가능한 인프라를 마련해야 할 것이다. 식물을 키울 수 있는 온실을 짓고, 식량과 산소를 예비하며, 충분한 물과 건축 자재를 얻기 위해 달 암석에서 필요한 자원들을 채굴하고, 우주 방사선과 극한의 기온으로부터 인간을 보호할 수 있는 장치를 마련하는 등 준비를 해야 한다. 달은 결코 제2의 지구가 되지는 못할 것이다.

태양계의 천체들 중 조건이 지구와 가장 비슷한 화성도 마찬가지다. 화성은 엷은 대기를 가지고 있는데, 역시 거의 이산화탄소로 구성되어 있다. 하지만 기온은 수성이나 금성 혹은 달처럼 극한을 달리지는 않는다. 최저는 영하 130도까지 내려가지만, 최고는 지구의 여름 날씨인 27도 정도다. 화성의 평균 기온은 지구의 극지방과 비슷한 섭씨 영하 55도 정도다. 그동안 화성에 얼음 형태로 많은 양의 물이 있다는 것이 알려졌다. 최근에는 액체 상태의 물이 존재한다는 증거들도 발견됐다. 옛날 화성에는 커다란 바다와 강들이 있었고, 단순한 생명체가 살았을 수도 있다. 오늘날 박테리아와 같은 미생물들이 존재할 가능성 또한 있다. 화성이 생명친화적인 행성은 결코 아니지만, 태양계의 다른 행성들과 비교하면 그나마 가장 나은 조건을 갖췄다.

사실 더 바깥쪽으로 나가봤자 딱딱한 표면이 없이 거의 몇천 킬로미터의 짙은 대기로만 이루어진 커다란 가스행성들뿐이지 않은가. 이들 목성, 토성, 천왕성, 해왕성은 많은 위성들을 거느리고 있고, 그들 중에는 꽤 규모가 있는 위성들도 있지만, 태양에서 너무 멀리 떨어져 있어 엄청나게 추운 환경이다. 이들 중 어떤 위성은 지하에 바다가 있을 것으로 추정되긴 하지만, 그 바다에 이르려면 아마 몇 킬로미터 두께의 얼음층을 파고 내려가야 할 것이다. 그러므로 목성 위성의 지하 바다에 기지를 건설하느니 차라리 화성에서 뭔가를 시작해보는 편이 나을 것이다.[53]

아니면 태양계 말고 다른 곳에 인간이 살 곳이 없을지 물색해보는 게 나을지도 모른다. 달이나 화성에 지속적으로 인간이 살 수 있는 기지를 만드는 것은, 가능하지만 쉽지는 않은 일이기 때문이다. 우주 엘리베이터가 우주와 우리를 직접 이어주지 않는다면 일단은 불가능할 것이다. 하지만 우주 엘리베이터의 도움을 받는다 해도 달 기지나 화성 기지를 만드는 것은 복잡하고, 지루하고, 비용이 많이 들고 위험한 과제다.[54]

우주의 위험으로부터 우리의 문명을 보호하고자 한다면 우리는 언젠

•••

53 게다가 목성의 크고 강력한 자기장으로 인해 목성의 위성들은 강한 방사선에 노출된다.

54 민간 조직들이 제안하는 화성 비행 계획도 있다. 가령 '화성 정착 프로젝트 마스 원Mars One'은 2024년부터 사람들을 화성을 보내 그곳에 계속 거주시킬 예정이다. 한번 갈 수는 있지만 돌아올 기회는 없는 여행이라, 그곳에 간 사람들은 그곳에서 죽게 될 것이다. 이주민들을 돕기 위해 우선 무인 우주선이 화성에 필요한 물자들을 실어다놓긴 할 것이다. 그러나 전 우주 비행사 울리히 발터 등 우주 비행 전문가들은 이 프로젝트가 여러 면에서 허무맹랑한 것이라고 본다. 이런 계획이 언젠가 실현될지, 그리고 만약 실행에 옮겨진다면 사람들이 정말로 무사하게 화성에 도착할 수 있을지 의문이다.

가는 이런 힘들고 어려운 과제에 봉착하게 될 것이다. 그런데 만약 우리가 시간과 돈과 노동력을 아낌없이 투입할 준비가 되어 있다면 지금 당장 '다른' 별로 날아갈 수 있을까? 어쨌든 우리는 오늘날 우주 곳곳에 행성들이 있다는 걸 알고 있다. 행성들은 별 만큼이나 많다. 그중에서 정말 '제2의 지구'라 할 만한 행성을 발견할 수 있지 않을까? 유독한 대기나 극한 기온이 우리를 힘들게 하지 않는 행성, 굳이 지하로 숨지 않아도 우주 방사선으로부터 안전한 행성, 그리고 지구에서처럼 편안히 살 수 있는 행성 말이다. 또 소수의 용감한 탐험자들이 아니라 두 번째 인류에게 고향이 되어줄 수 있는 행성 말이다. 행성 사이를 여행할 뿐 아니라 '별들 사이를' 여행할 수 있게 된다면, 소행성은 더 이상 우리 문명에 위험을 초래할 수 없을 것이다. 어떤 우주적 재앙도 우리를 단번에 싹쓸이해버릴 수는 없을 것이다. 그때부터 우리의 미래는 단지 우리 손에 달려 있다.

Atlantis

Part 3 인간과 미래

8장

인류의 미래는 별에 있다

인류는 지금까지 성간 우주 비행 경험이 전혀 없다. 하지만 최소한 그런 비행이 어떻게 작동될 수 있을지에 대한 괜찮은 아이디어는 몇몇 개 나와 있다. 미래에 정말로 인간들이 알파 센타우리 항성계로 날아가서, 그곳에서 지구와 비슷한 행성을 물색하는 것은 불가능하지 않다. 물리학적 원칙으로는 가능하다.

태양계 바깥을 탐험할 시간

마지막 원자폭탄이 폭발했다. 원자폭탄은 100년 이상 우리와 함께 해왔다. 그것은 우리가 지구를 떠나 별들 사이를 누빌 수 있도록 해주었고, 그 덕분에 우리는 상상을 초월하는 고속 비행을 할 수 있게 됐다. 연쇄 폭발은 엄청난 진동과 함께 우주선을 추진했고, 우리는 이런 폭발음을 들으며 자랐다. 그래서 폭발이 갑작스레 끝나버리자, 상당히 이상한 느낌이 든다. 우리 할머니, 할아버지들이 처음 지구를 떠나 이런 폭발음을 들으며 우주선에서 살기 시작했을 때도 이런 기분이었겠지.

우리 할머니, 할아버지가 지구를 떠나 긴 여행길에 올랐을 즈음에는 이미 인류가 태양계를 샅샅이 탐험한 지 오래된 때였다. 인류는 달과 화성을 방문했고 전초기지를 세웠다. 자원을 활용하기 위해 소행성으로 날아갔으며, 우주 엘리베이터를 이용해 승객과 우주선을 우주로 실어 날랐다. 목성의 얼음 위성으로 날아가 그곳의 지하 바다를 탐험했으며, 가스행성들의 대기를 채취해 우주선의 연료로 활용했다. 태양계에서는 이제 안 가본 데가 없었다. 별들만 여전히 너무 먼 곳으로 남아 있었다.

처음 태양계를 떠나기로 결정했을 때, 우리 조상들은 그 여행에서 다시는 돌아오지 못하게 될 것임을 알고 있었다. 자신들은 여행의 목적지를 결코 눈으로 보지 못하고 죽게 되리라는 것도 알았다. 별들 사이의 공간은 너무나 광대해서 원자폭발 추진력을 활용한 빠른 우주선도 한 세대 만에 그 공간을 가로지를 수는 없었다. 자녀 대, 혹은 손자 대에 가서야 비로소 목적지에 당도할 수 있을 것으로 예상됐고, 최초로 낯선 행성들을 마주 대하게 될 것으로 보였다.

바로 우리가 그들의 후손이다. 낯선 행성이 드디어 우리 앞에 놓여 있다. 우주선은 태양에서 가장 가까운 별인 알파 센타우리(센타우루스 자리 알파) 항성계에 도달했다. 태어나서 지금까지 우주선에서 살아온 우리는 이제야 우리 선조들이 목표로 했던 곳에 도달하게 된 것이다. 우리는 알파 센타우리 쌍성계를 공전하는 행성들이 있다는 것도 알고 있었다. 윗세대 천문학자들이 이미 지구로부터의 관측을 통해 이 두 별 중 하나는 자신을 공전하는 천체들을 거느리고 있고, 그 천체들 중 하나가 크기나 무게 면에서 지구와 흡사하다는 것을 확인했기 때문이다. 우주 엘리베이터를 이용해 커다란 망원경을 우주에 띄워 더 자세히 관측할 수 있게 되면서 그 행성의 조건이 생명이 살기에 적합하다는 사실도 알려졌다. 기온도 적당하고, 액체 상태의 물도 있는 것으로 확인되었으며, 단순한 생명체가 존재할지도 모른다는 추측이 나왔다. 우리가 오랜 비행 과정에서 관측한 결과도 이를 확인시켜주었다. 알파 센타우리의 행성은 제 2의 지구이며, 우리의 긴 여행은 헛되지 않으리라는 것, 그리고 드디어 우리가 거주할 수 있는 행성을 찾아냈다는 것을 말이다.

그런데 눈앞에 보이는 행성에는 이미 누군가가 거주하고 있음이 분명하다. 밤이 되자 문명을 상징하는 인공 불빛으로 수놓인 행성 표면이 눈에 들어온다. 불빛의 양이 많지 않은 것을 보니 지구의 도시와 같은 수준은 아니지만, 분명히 지적 생명체가 거주하는 것으로 보인다. 행성 표면의 불 밝힌 부락으로부터 케이블 하나가 우주까지 이어져 작은 우주 정거장에 고정되어 있다. 세상에나! 알파 센타우리 항성계에 거주하는 생명체도 우주 엘리베이터를 제작해놓았다니!

무선 신호가 잡힌다. 우리가 도착했다는 것을 감지했나 보다. 어떤 주파수로 우리와 통신을 할 수 있는지도 정확히 아는 듯한데…… 맙소사! 우리의 수신기에서 나오는 목소리는 알아들을 수 없는 외계인의 언어가 아니라, 명확하고 정확한 영어다. 우리 우주선의 표준어란 말이다! 우리와 접촉을 시도한 생명체는 에일리언이 아니고 그곳에 먼저 도착한 인간들인 것이다. 그들은 우리의 우주 비행이 성공리에 진행된 것을 진심으로 축하해준다. 우리가 거의 기대했던 시점에 도착했다며, 그간의 여행 이야기를 궁금해한다. 분명 흥미로운 여행이었을 것이라며, 모두가 별 여행에 나선 위대한 선구자들의 후손과 하루 빨리 대면하기를 고대하고 있었다고 전해준다. 다만 우리의 할머니, 할아버지가 몇십 년 더 기다리지 못하고 성급하게 여행을 떠나버린 점이 약간 안타깝다고 한다. 그들이 출발하고 나서 얼마 지나지 않아 초광속 비행 기술이 고안되었고, 따라서 이제 길고 힘든 우주여행은 할 필요가 없어졌다는 것이다. 오늘날 인간들은 전에 지구에서 비행기를 타고 여러 도시를 여행하듯 별들 사이를 빠르게 여행할 수 있게 됐다며, 여러 세대에 걸친 우주 비행은 우리의 여행으로 끝을 맺었고 이제 인류는 우주에서 빠른 속도로 확산되고 있다고 전한다.

성간 우주 비행

초광속 비행? 아니면, 원자폭발로 추진되는 우주선을 타고 다른 항성계로 비행하기? 이것은 학문적으로 근거 있는 말들일까, 아니면 순전히 상상에 불과할까? 정확히 말하자면, 이것은 학문에 근거한 상상이라고 할 수 있다. 인류는 지금까지 성간interstellar 우주 비행 경험이 전혀 없다. 하지만 최소한 그런 비행이 어떻게 작동될 수 있을지에 대한 괜찮은 아이디어는 몇몇 개 나와 있다. 미래에 정말로 인간들이 알파 센타우리 항성계로 날아가서, 그곳에서 지구와 비슷한 행성을 물색하는 것은 불가능하지 않다. 물리학적 원칙으로는 가능하다.

우리는 앞에서 유인 우주 비행의 문제를 자세히 살펴보았다. 우주의 환경은 결코 생명친화적이지 않다. 태양계의 행성 사이를 왔다 갔다 날아다니는 것만 해도 상당히 위험천만한 일이다. 하물며 별로 가는 여행이야 더 말할 필요가 있겠는가! 별 여행을 하려면 또 하나의 커다란 문제를 극복해야 한다. 바로 별까지는 거리가 엄청나게 멀다는 것이다!

텅빈 곳을 통과하여

우주는 기본적으로 텅 비어 있다. 텅 빈 공간에 간혹 별 한 개가 나타날 뿐이다. 깜깜한 밤, 하늘을 올려다보면 가히 별바다가 눈에 들어온다. 별들이 총총하다. 그러나 사실 별들 간의 거리는 상상을 초월한다. 일반적인 항공기는 시속 약 900킬로미터의 속도로 비행한다. 이런 항공기로 하루 동안 착륙하지 않고 비행한다면, 2만 1600킬로미터를 가게 된다. 적도를 기준으로 한 지구 둘레의 절반이 조금 넘는 거리다. 우리는 이런 속도로 비행하는 것에 익숙해져 있다. 그래서 두세 시간 만에 이 도시 저 도시를 넘나들거나, 하루 만에 다른 대륙으로 날아가는 것은 그다지 특별한 일로 느껴지지 않는다. 항공 교통은 지표면에서의 거리를 단축했고, 우리는 빠른 비행기만 타면 하루 만에 어디든 갈 수 있게 됐기 때문이다.

하지만 이런 일반적인 항공기로 지구에서 달까지 비행하려 한다면,

16일이나 걸릴 것이다! 태양까지는 19년이 넘게 소요될 것이며(일반적인 항공기는 어차피 우주 비행에는 부적합하지만), 태양계에서 가장 가까운 별까지 가는 것은 상상할 수 없는 일이 된다.

태양계에서 가장 가까운 별은 작은 별인 프록시마 센타우리이며, 여기서 멀지 않은 곳에 쌍성계(이중성계)인 알파 센타우리가 위치한다.[55] 이들 별들까지의 거리는 약 4.3광년으로, 지구와 태양 간 거리의 27만 2000배에 이른다. 그리하여 우리의 평범한 항공기로 이곳에 간다면 무려 500만 년 이상이 걸릴 것이다. 우주선은 일반 항공기보다는 훨씬 빠르지만, 우주선을 타고 가도 상상을 초월한 시간이 소요될 것이다.

지금까지 인간이 만든 우주 탐사선 중 가장 빠른 것은 헬리오스 1호와 2호로 각각 1974년과 1976년에 우주로 발사됐다. 미국과 독일이 공동 발사한 이 탐사선들은 무려 초속 70킬로미터의 속도로 비행했다. 베를린에서 워싱턴까지 96초에 끊을 수 있는 빠르기다. 하지만 이렇게 빠른 탐사선이라 해도 알파 센타우리까지 가는 데는 1만 8400년이 소요될 것이다! 물론 헬리오스 1, 2호는 알파 센타우리가 아닌, 우리의 태양으로 향했지만 말이다. 태양 반대편으로 날아간 탐사선 중 가장 빠른 속도로 이동했던 것은 바로 보이저 1호로, 초속 17킬로미터의 속도로 비행

55 프록시마와 알파 센타우리가 함께 삼중성계를 이루고 있다고 보는 견해도 있다. 그러나 이 세 별이 그냥 우연히 서로 가까이 있는 것인지, 아니면 정말로 중력으로 연결되어 있는 것인지는 아직 확실히 증명되지 않았다. 2012년에 학자들이 알파 센타우리의 두 별 중 하나를 공전하는 행성을 발견했다고 발표했으나, 이 행성은 존재하지 않을 확률이 높다. 이 행성의 존재를 명백히 증명할 만큼 정확한 측정이 이루어지지 않았기 때문이다. 하지만 그것이 알파 센타우리에 행성이 있을 수 없다는 의미는 아니다. 다만 지금까지 확실히 발견된 것은 없다.

했다. 보이저 1호는 1977년 8월에 발사되어 현재까지 작동하고 있으며, 기존 인공 우주 탐사선 중에서 가장 먼 곳까지 나아갔다.

2014년 10월 기준으로 보이저 1호는 지구와 태양 간 거리의 129배만큼이나 태양으로부터 멀어져 있다. 태양계의 행성들은 모두 뒤로 했고, 카이퍼 벨트Kuiper Belt[56]의 소행성들을 지나, 현재 우리가 아직 잘 모르는 태양권계면heliopause(태양권 가장자리)에 도달한 것이다. 보이저 1호는 언젠가는 태양계를 완전히 벗어나겠지만, 알파 센타우리까지 가는 데에는(설사 적절한 방향으로 날아간다 해도) 약 7만 5000년이 소요될 것이다.

그러므로 어떻게 표현해도 우주가 거대하다는 사실에는 변함이 없다! 태양이 1센티미터가 되게끔(축척이 1 대 1400억일 때) 우주를 축소한다면, 지구의 직경은 10분의 1밀리미터가 되고, 지구와 태양 사이의 거리는 1미터가 될 것이다. 태양계의 가장 바깥쪽 행성인 해왕성까지의 거리는 42미터가 될 것이며, 보이저 1호는 어쨌든 태양으로부터 136미터 떨어져 있는 셈이 된다. 그러나 알파 센타우리까지는 여전히 290킬로미터나 될 것이다.

초속 30만 킬로미터에 해당하는 최대 광속으로도 4.3년이 걸리는 어마어마한 거리! 이런 거리를 인간이 상상할 수 있는 시간 안에 횡단하는 것은 불가능해 보인다. 이런 비행에서 우리가 살아남을 수 있는지는

●●●

56 해왕성궤도 바깥에 존재하는 또 하나의 소행성대로, 화성과 목성 사이의 주소행성대에 비해 더 많은 소행성들이 있다. 행성 생성 시기에 미행성들이 태양으로부터 멀리 떨어져 있는 탓에 느린 속도로 운동했다. 따라서 커다란 천체는 생성될 수 없었다.

논외로 하더라도 말이다. 지구에서 알파 센타우리까지 30년 이내로 비행을 하고자 한다면, 적어도 초속 4만 3000킬로미터로 여행해야 한다. 이것은 광속의 15퍼센트에 해당하는 속도이며, 현재의 기술로는 불가능한 속도다.

원자폭탄을 활용하라

그럼에도 불구하고 별들에게로의 비행은 완전히 상상 불허의 것만은 아니다. 약간의 시간적 여유를 갖는다면, 가능할 수도 있다. 원자폭탄만 많이 있다면 말이다. 이렇게 말하니 약간 황당하게 들린다. 원자폭탄이야 이미 70년 전에 개발된 것이 아닌가. 원자폭탄을 우주로의 이주를 위한 미래 기술로 활용한다고? 그렇다. 우주 개발 초기에 이미 영리한 사람들은 원자폭탄을 추진력으로 투입할 수 있겠다는 생각을 했다.

제2차 세계대전이 끝난 뒤 미국은 새로운 원자 기술에 아주 열광해서 그것을 무기로서만이 아니라, 인류의 복지를 위해 사용하고 싶어 했다. 원자폭탄을 투하한 것에 대한 양심의 가책이 연구자들로 하여금 대량 살상 무기를 민간 차원의 일에 사용하는 방법을 모색케 했을지도 모른다. 그래서 학자들은 '오퍼레이션 플로셰어Operation Plowshare(보습 작전)'라는 이름하에 핵폭발을 활용해 지하 원료를 채굴하는 것, 파나마 운하를 확장하는 일, 해안선을 변경시켜 인공 항구를 만드는 방법 등에 대해 고심했다. 다행히 이 작전은 여러 미심쩍은 부분이 있어 보류됐다. 방사능으로 인한 환경오염의 위험이 너무 컸던 것이다. 그러나 지구에서는 그토록 위험한 일이 우주에서라면 달라진다.

1957년 구소련이 최초의 인공위성 스푸트니크 1호를 발사하자, 미국은 자못 충격을 받은 나머지 우주 경쟁에서의 뒤처짐을 가능한 한 빨리 만회하고자 '오리온 프로젝트'를 개시했다. 그러고는 고전적인 화학 로켓 연구 외에 새로운 우주선 추진 방법들을 물색하기 시작했다. 물리학자 테드 테일러Ted Taylor와 프리먼 다이슨Freeman John Dyson은 이때 우주 비행에 원자폭탄을 활용하는 방법을 제안했다. 배후의 원칙은 별로 복잡하지 않았다. 추진판을 장착한 우주선에 많은 양의 핵무기를 실어놓고, 규칙적으로 우주선의 후미에서 핵폭탄을 터뜨리자는 것이었다. 그러면 폭발 시에 생겨나는 플라즈마가 우주선 뒤편에 위치한 '추진판'을 밀치게 되고, 추진판은 우주선이 파괴되지 않도록 하는 동시에 한편으로는 폭발 임펄스로 말미암아 우주선을 앞으로 밀어내는 작용을 하게 된다.

핵 펄스 추진은 왜 필요한가

'핵 펄스 추진'은 4장에서 살펴보았던 태양 범선(우주 범선, 우주 돛단배)의 아주 요란한 형태이다. 태양 범선의 경우는 작은 빛의 입자들이 얇은 돛과 만나 반사되면서 미약하나마 이 범선에 힘을 전달하는 것이다. 한편 오리온 프로젝트에서는 핵폭발에서 뿜어져 나온 플라즈마들이 두꺼운 철판에 부딪혀 반사되면서 우주선을 강하게 앞으로 밀어낸다. 물론 한 번의 폭발로는 되지 않는다. 우주선을 충분히 가속시키기 위해서는 원자폭탄을 최소한 초 단위로 폭발시켜야 할 것이다.

이는 말도 안 되는 생각처럼 들리기도 한다. 그러나 물리학적으로는 실행 가능하며, 실제로 미국항공우주국에 의해 실험된 바 있다. 물론 진짜 원자폭탄이나, 진짜 우주선을 가지고 실험한 것은 아니었다. 하지만 1959년 120킬로그램 무게의 모형 우주선과 일반 화약식 폭발물을 사용한 실험에서 이런 추진 방식을 활용해 모형 우주선을 100미터의 비행

고도로 올렸다. 그러나 이런 성공에도 불구하고 미국항공우주국의 책임자들은 이 콘셉트를 확신하지 못했다. 테일러와 다이슨은 핵 펄스 추진의 장점을 여러 가지로 피력하고, 우주로 많은 양의 물자를 실어 나를 수 있는 핵 추진 우주선의 세부 건조 계획을 마련했으며, 여덟 명으로 이루어진 우주 비행사 팀을 4개월 남짓의 기간 안에 화성으로 보냈다가 귀환시키겠다는 계획도 세웠다. 하지만 1963년 영국, 미국, 구소련 사이에 '대기권, 외기권, 수중에서의 핵무기실험 금지 조약'[57]이 체결되면서 오리온 프로젝트는 최종적으로 중단 위기를 맞은 데 이어 1965년에는 완전히 중단되고 말았다. 그렇다고 해서 이후에 학자들이 핵추진에 대한 생각을 멈춘 것은 아니다. 다른 항성계로 비행하고자 할 때 핵 펄스 추진만큼 매력적이고 실현 가능한 방법은 별로 없기 때문이다.

더 빨라지는 우주선의 속도

비록 '오리온 프로젝트'에서 구상한 우주선은 제작되지 않았지만, 학자들과 엔지니어들은 이 우주선을 어떻게 건조할 수 있을지에 대해 아주 세부적인 생각을 가지고 있다. 추진판을 어떤 물질로 만들어야 원자폭발력을 지속적으로 견딜 수 있을지도 테스트했고, 폭발력을 분산시

57 보통 부분적 핵실험 금지 조약이라고 부른다. –옮긴이

켜 우주 비행사들에게 되도록 고요한 여행을 보장해줄 유압 장치도 설계했다. 방사능 오염을 가급적 줄이면서 핵폭탄을 장전할 수 있는 방법, 승무원들에게 안전한 여행을 보장해줄 수 있는 특별한 방사선 차폐 방법 등을 구상하기도 했다. 원리적으로 걸림돌이 되는 학문적 문제는 없었다. 따라서 의지만 있었다면 오늘날 이미 이런 우주선이 제작될 수 있었을 것이다. 프리먼 다이슨의 아들이자 과학사가인 조지 다이슨George Dyson은 핵 펄스 추진을 '표준 기술'이라고까지 칭했다.

그러나 이 프로젝트를 실행시키기에는 방사선에 대한 두려움이 컸다. 지구에서 출발하는 우주선은 어차피 높은 우주 방사선에 노출되긴 하지만, 핵 추진 우주선의 경우 이륙이나 착륙 시에 사고라도 나면 어마어마한 방사성 물질이 분출되어 대규모 오염을 야기할 것이다. 하지만 앞으로 우주 엘리베이터가 마련되면, 핵 추진 우주선이 굳이 지구에서 제작되거나 지구에서 이착륙을 할 필요가 없다. 이런 우주선을 직접 우주에서 조립, 건조하면 된다. 달이나 화성 기지에서, 혹은 원료를 현지에서 조달할 수 있는 소행성대에서 말이다.

그러고 나서는 우주 엘리베이터와 연계시켜 어느 행성에도 착륙하지 않고, 그냥 행성 사이에서 비행하게 하면 된다. 핵 펄스 추진 우주선은 매우 빨라서 태양계 천체 사이의 비행 시간을 대폭 줄여준다. 따라서 태양계 안에서는 몇 달, 혹은 몇 년씩 비행을 할 필요가 없어진다. 게다가 이런 우주선을 타고 다른 별로 비행하는 일도 가능해질 것이다.

물론 별 여행은 사이언스 픽션 영화에서처럼 빠르게 진행되지는 않을 것이다. 낯선 별로 날아가려면 우주선의 규모도 커야 할 것이고, 이것을 추진할 핵폭탄도 엄청나게 많은 양이 필요할 것이다. 그리고 설사 그런 준비를 갖추어 날아간다 해도 낯선 항성계에 도달하기까지는 몇십 년 혹은 몇백 년이 소요될 것이다.

우주선의 건조 방식과 크기에 따라 핵 펄스 추진 우주선의 속도는 최대로 광속의 약 10퍼센트까지 도달할 수 있다. 이 정도 속도로 가속과 감속 단계를 거쳐 알파 센타우리까지 비행하려면 약 100년이 소요될 것이다. 이 여행에서 추진 자체는 그리 커다란 문제가 되지 않는다. 진짜 문제는 그런 긴 비행에서 승무원들이 완전히 자급자족을 해야 한다는 점이다. 성간 우주선은 단지 우주선일 뿐만 아니라 인간이 일생을 보내고 나아가 생을 마감할 수 있는 생활 공간이어야 하며, 마지막에 태양계 외부 행성에 발을 디디게 될 사람들이 나고 자랄 수 있는 공간이어야 할 것이다.

제너레이션 우주선의 비전과 한계

이렇게 한 세대가 떠나고 또 한 세대가 성장할 수 있는 우주선, 즉 제너레이션 우주선Generation Ship을 제작하는 것은 보통 일이 아니다. 가장 커다란 장애물은 바로 이런 우주 '방주'가 거대한 규모여야 한다는 것이다. 채소를 재배할 자리도 있어야 하고, 심지어 동물을 키울 공간도 필요하다. 마지막에 충분한 수의 후손이 새로운 행성에 발을 디디고 그곳에서 부락을 이루고자 한다면, 처음에 출발하는 집단도 만만치 않은 수로 구성되어야 한다. 이 모든 사람들이 우주선 안에서 살면서, 잠도 자고 먹기도 해야 한다. 일을 하고 신체를 회복하는 등, 정말로 우리가 지구에서 하는 거의 모든 것을 할 수 있어야 한다. 달이나 화성까지의 여정은 몇 주간 이어지므로 좁은 우주선에 끼어서 최소한의 생필품으로 견디는 일이 가능할 것이다. 그러나 다른 별까지 몇십 년간 비행을 하려면 그렇게 견디는 것은 불가능하다.

그러므로 제너레이션 우주선은 소행성의 원료로 우주에서 제작할 수밖에 없을 것이다. 지구에서 이 정도로 규모가 큰 우주선을 발사하는 일은 가능하지 않다. 사실 소행성 자체를 우주선으로 삼으면 제일 좋을 것이다. 상당히 커다란 소행성에 지하 굴을 파서 인공 주거지를 만들 수도 있을 것이다. 유전적 다양성을 보존하려면 최소한 4만 명은 수용할 수 있는 시설이라야 한다(냉동 난자와 정자를 가져가서 정착한 다음에 인공 수정을 통해 유전적 다양성을 높인다면, 초기 멤버로 그렇게 많은 사람은 필요 없을 수도 있다). 소행성 지하에 살면 우주 방사선 걱정도 덜 수 있을 것이다.

'소행성-우주선'을 계속하여 9.81m/s^{2}의 속도로 가속하면, 우주선 내부에 지구의 중력과 비슷한 인공 중력이 생겨난다. 이런 속력으로 우주선을 가속시키면 갑자기 자동차를 출발시킬 때 우리의 몸이 좌석 쪽으로 눌려지는 것처럼 제너레이션 우주선의 주민들은 여행 내내 우주선의 '뒤쪽'으로 밀쳐질 것이고, 이때는 지구의 중력을 받는 때와 구분이 가지 않을 것이다.[58] 약간이나마 인간다운 생활을 하고자 한다면, 이렇게 인공 중력 환경을 조성해주는 것이 꼭 필요한 일이다. 이와 관련해서 실행된 소수의 의료 실험—인간이 아니라 동물을 대상으로 한—에 따르면 무중력 상태에서는 임신과 출산이 힘들다. 중력이 없는 상태에서는 정자와 난자가 지상에 있을 때와는 다른 행태를 보이며, 출산도 훨씬 힘들게 진행되고, 분만 시 사망률도 높다. 그밖에도 뼈나 심장, 기

58 전체 구간 중 정확히 절반을 진행한 다음에는 가속을 잠시 중단하고 감속 모드로 전환해, 나머지 구간은 9.81m/s^{2}로 감속을 해야 한다. 그래야 목표 지점을 지나치지 않을 수 있다.

타 장기의 이상 없이 모태 속의 태아가 온전하게 발육하기 위해서는 중력이 필수적임을 보여주는 표지들이 있다. 물론 다 큰 성인의 경우에도 너무 오랫동안 무중력 상태에 노출되면 건강에 이상이 생긴다. 지표면에서처럼 근육을 사용할 일이 없으므로, 근육은 빠르게 퇴화된다. 꾸준히 트레이닝을 해준다 해도 그런 부작용을 완전히 상쇄시키는 건 불가능하다. 또한 골밀도도 줄어들고, 면역력도 저하된다. 상대적으로 많은 시간을 우주에 상주했던 우주 비행사들은 시력에도 문제가 생긴 것으로 나타났다. 경우에 따라 뇌손상이 빚어질 수도 있고, 알츠하이머 위험도 증가한다.

그러므로 우주 속 제2의 고향은 지구의 조건에서 많이 벗어나서는 안 된다. 과거 지구에서 실행된 실험들에 따르면 완전히 격리된 가운데 스스로 유지되는 세계를 만드는 것도 어려운 것으로 나타났다.

20세기 말 애리조나 주의 사막에 지구 환경에서 완전히 고립된 '제2의 생물권biosphere'이 조성되었다. 콘크리트, 강철, 유리로 된 구조물로 20만 세제곱미터 이상의 공간을 밀폐하고 격리시켜 식물과 동물들을 들여보냈고, 작은 사막, 미니 바다, 사바나, 정글, 농경지, 주거지 등등 다양한 생활 공간을 자연에 충실하게 조성했다. 그리고 1991년 9월 26일, 여덟 사람이 이 작은 인공 생태계로 입주했다. 이른바 '바이오스피어 2Biosphere 2' 프로젝트가 시작됐던 것이다.

미국의 억만장자 에드워드 배스Edward Bass가 비용을 대고 미국항공우주국이 주도했던 이 실험에서 학자들은 인간들이 고립된 환경 속에서 장기간 자급자족하며 생존할 수 있을지를 알아내고자 했다. 외부 세계로부터 어떤 것도 인공 생태계로 반입시키지 않으며 인공 생태계로부터 또한 어떤 것도 밖으로 유출하지 않는 가운데, 외부로부터 햇빛과 전기만 제공하는 것이 바로 실험 조건이었다. 하지만 실험을 시작한 지 얼마 안 가서 이미 간과할 수 없는 문제들이 불거지기 시작했다. 산소 농도가 갈수록 떨어지기 시작하면서 실험 대상자들의 컨디션이 자꾸 저하됐고, 결국은 외부로부터 산소를 공급해줄 수밖에 없는 상황이 되었다. 구조물의 재료인 콘크리트가 산소 분자를 흡수한다는 사실을 생각하지 못했던 것이다. 식량도 갈수록 부족해졌고, 동식물도 죽어갔다. 생태계 순환이 예상한 대로 돌아가지 않았다. 토양 속 미생물이 공기 중의 이산화탄소 농도를 높였으며, 곤충들이 걷잡을 수 없이 늘어났다. 식량이 부족해지자 실험 대상자들은 서로 식량을 훔쳤으며, 나중에는 두 편으로 갈라져 다퉜다. 결국 이 프로젝트는 시작된 지 2년 20분 만에 실패로 막을 내리고 말았다.

그러나 이 실험은 학문적인 관점에서는 소기의 목적을 달성했다. 인간들이 지속적으로 살아남을 수 있는 인공 생태계를 조성하는 것이 얼마나 어려운 일인가를 정확히 알게 됐던 것이다. 지구에서도 그런 시설을 만드는 것이 힘든데, 하물며 우주에서는 더 힘들 것이다. 물론 커다란 제너레이션 우주선 제작을 불가능하게 만드는 물리학적 이유들은 별로 없다. 그런 우주선은 오늘날의 기술로도 조립할 수 있을 것이다. 그러나 그곳을 인간이 오랫동안 거주할 수 있는 곳으로 만드는 것은 더 복잡하고 힘든 일이며, 지금의 생태학적 지식으로는 불가능에 가까운 일이다.

현실적인 것과 비현실적인 것

몇십 년 뒤 우주 엘리베이터를 제작하거나 소행성에서 원료를 채굴한다는 비전은 비현실적이지 않다. 이런 프로젝트를 실행하기로 결단하고, 우리의 자원과 노력을 집중한다면, 우리는 비교적 가까운 미래에 이런 목표를 이룰 수 있을 것이다. 그러고 나면 달이나 화성에 정착하는 프로젝트를 진행하게 될 것이다.

그 다음에는 제너레이션 우주선을 제작해 그것을 타고 다른 항성계로 날아가는 일이 다음 프로젝트로 떠오를까? 비록 태양계가 제아무리 우리의 '영역'으로 들어온 지 한참이라고 해도 다른 항성계로 비행하는 것은 사실 거의(!) 실현하기 힘든 일이다.

일단 우주나 가까운 천체에 지속적으로 거주할 수 있는 프로젝트가 성공리에 이루어진다면, 핵 펄스 추진을 가진 우주선을 제작하는 일 역시 불가능하지는 않을 것이다. 그런 우주선을 제작해 행성 사이를 날아다니고, 무엇보다 소행성 방어에 활용하면 좋을 것이다. 지구상에서 원자폭탄을 취급할 필요가 없이, 원자폭탄을 펄스 우주선의 연료로 활용하면 된다. 그러고 나서 어느 소행성이 지구에 너무 가깝게 접근해올 경우, 펄스 우주선이 금방 그 방향으로 날아가 충돌함으로써 소행성의 궤도를 변경시킬 수 있을 것이다.

아직은 우주 엘리베이터도 없고 화성과 달에 유인 기지를 만드는 것 역시 제안 단계에 머물러 있긴 하지만, 지금 당장 몇 대의 핵 펄스 추진 우주선을 보유할 수 있다면 상당히 도움이 될 것이다. 그러나 소행성의 원료를 채굴하고, 행성 사이를 비행하고, 다른 천체에 자급자족적 인공 생태계를 만들 수 있다고 치더라도, 이 모든 기술을 결합해 우리의 고향인 태양계를 떠날 수 있을까? 이 역시 녹록지 않은 문제다.

이주민들은 완전히 자기 힘으로 서야 할 것이다. 지구로부터 어느 정도 떨어지고부터는 지구와 의미 있는 교신을 할 수가 없을 것이다. 뭔가 하나라도 오작동하면 곧장 모든 것이 끝장날 가능성이 크다. 여행은 평생 가도 끝나지 않을지도 모르고, 이주민들의 후손이 목표에 도달한다고 해도 그들은 여행 때와 마찬가지로 지구로부터 완전히 고립된 상태로 남을 것이다.

물론 우주 엘리베이터는 우주 비행을 새로운 차원으로 끌어올리고, 지구를 소행성으로부터 방어하는 데 도움을 줄 것이다. 소행성으로 인한 위협을 기회로 바꾸고 무궁무진한 우주의 원료에 접근할 수 있도록 말이다. 그 원료로 우리는 그동안 관심을 가졌던 많은 문제들을 해결할 수 있고, 태양계를 샅샅이 연구할 수 있을 것이다. 그러나 우주 엘리베이터도 소행성 광산도 별들까지의 거리를 줄여주지는 못한다. 그러므로 우리에겐 두 가지 가능성밖에 없다. 생명체가 살기에 부적합한 우리 태양계의 천체들로 만족하고 최선을 다해 화성이나 달 정착 프로젝트를 추진하거나, 아니면 100년 넘게 걸릴지도 모르는 세월을 감수하고 다른 항성계에서 제2의 지구를 찾기 위해 무모한 여행을 시도하거나 말이다.

두 가지 모두 위험하고 어려운 일이다. 그러나 우리 인류가 지구의 재앙을 벗어나 계속해서 생존하고자 한다면 궁극적으로 필요한 일들이다. 우리의 미래가 사이언스 픽션 영화처럼 진행된다면 얼마나 좋을까. 그러면 우리는 우주에서 원자폭탄 따위나 터뜨리는 일 없이, 가까운 웜홀을 이용해 이동하거나, 초광속 엔진을 작동시켜 몇 시간 만에 이 별에서 저 별로 뜀뛰기를 할 텐데 말이다. 과연 핵폭발을 이용하는 것보다 더 빠르게 우주를 비행하는 다른 방법은 진정 없단 말인가? 그렇지 않다. 있다. 아마도 있을 것이다…….

초광속 비행을 가능케 하는 메커니즘을 찾아서

세월이 흐르면서 여러 가지 아이디어가 등장했다. 이미 말했던 태양 돛이나 이온 추진도 그중 일부다. 이런 방법으로도 다른 별에 날아갈 수는 있겠지만, 핵 펄스 추진을 활용하는 것보다 훨씬 더 오래 걸릴 것이다. 그런가 하면 우주선에 자성을 띤 일종의 '깔때기' 같은 것을 달아, 그것으로 성간 우주에서 원자와 분자들을 모아 스스로 연료를 마련하는 콘셉트들도 제안됐다. 핵융합을 활용해 핵 펄스 추진에서보다 더 효율적으로, 물질을 에너지로 변환시키자는 제안도 있다.[59] 그러나 우리는 그런 자성 깔때기를 실제로 어떻게 만들 수 있을지 아직 알지 못하

59 오늘날의 지식 수준으로 헬륨 동위원소 He-3이 핵융합로 가동에 적합하다. 이런 물질은 지구에는 존재하지 않으므로 우주에서 마련해야 한다. 달의 암석으로부터 추출하거나, 이 물질이 다량 존재하는 목성의 대기로부터 얻는 방법을 강구해야 한다.

며, 핵융합 제어 기술 역시 그것을 활용하는 우주선을 건조할 만큼 충분하지 못한 형편이다. 물질을 만나 에너지로 전환되는 반물질을 연료로 사용하자는 아이디어도 있다. 가능하기만 하다면 가장 효율적인 방법일 것이다. 우리는 현재 커다란 입자 가속기에서 몇몇 반물질 원자를 인공적으로 만들어낼 수 있다. 그러나 반물질을 우주선을 추진하기에 적합할 만큼 대량으로 만들어내려면 아직 먼 길을 가야 한다. 반물질을 연료로 사용하느니 차라리 제너레이션 우주선을 만드는 편이 더 쉽고 비용도 싸게 먹힐 것이다.

그렇다면 웜홀과 워프 엔진은 어떨까? 이 둘은 사이언스 픽션뿐만 아니라, 전문 과학서적에도 등장한다. 물론 조만간 워프 엔진을 활용해 별 여행을 떠날 수는 없겠지만 말이다.

워프 버블을 만들기 위해 필요한 것

텔레비전에서는 1966년에 이미 '엔터프라이즈 호'가 초광속으로 '전에 어떤 인간도 본 적이 없는' 은하계들로 비행했다. 커크 선장이 조타수 술루에게 '워프 속도'로 비행하라는 명령만 내리면 된다.[60] 속도가 너무 느려지면, 수석 엔지니어 스카티가 기계를 약간 만지고, 문제는 쉽

60 '워프 항법'이라는 개념은 TV 시리즈 〈스타트렉Star Trek〉에서 처음 등장하는 것은 아니고, 원작 소설에서 이미 등장했던 말이다.

게 해결된다. 주인공들이 먼 행성에서 모험을 하는 TV 시리즈에서 초광속 항법은 줄거리 전개상 꼭 필요한 기술이다. 그러나 이것이 학문으로 입장한 때는 1994년이었다. 그해 1월에 멕시코의 물리학자 미구엘 알쿠비에르Miguel Alcubierre는 '클래시컬 앤드 퀀텀 그래비티Classical and Quantum Gravity'라는 이름의 과학 전문지에 논문을 하나 발표했다. '워프 항법: 일반 상대성 원리 안에서 빠른 속도로 비행하기The Warp Drive: Hyper-fast travel within general relativity'라는 제목의 논문에서 알쿠비에르는 초광속 비행을 가능케 하는 메커니즘을 제시했다.

알베르트 아인슈타인Albert Einstein이 1905년 특수상대성이론을 발표한 이래, 광속은 우주에 존재하는 최대 속도로 여겨졌다. 이런 자연법칙은 100년 넘게 상세히 테스트되었다. 그리고 지구상에서 실험을 하든 우주 저편의 먼 우주를 관측하든 아인슈타인의 말대로, 정말로 그 무엇도 광속을 능가할 수 없는 것으로 나타났다. 아인슈타인은 자신의 이론에서 광속을 넘어설 수 없는 이유도 제시했다. 어떤 물체에 에너지가 많이 주어질수록, 물체의 속도는 더 빨라질 수 있다. 그러나 공급된 에너지의 일부는 속도에 사용되지 않고, 물체의 질량을 늘리는 데 사용된다. 이런 '상대적 질량 증가'는 그동안 실험으로 상세하게 입증되었다.[61] 속도가 높아질수록 물체는 더 무거워지고, 이런 물체를 더 가속하려면 더 많은

61 높은 속도가 질량 증가로 이어지지 않는다면, 브라운관도 존재할 수 없었을 것이다. 브라운관 텔레비전에서 모니터에 충돌하는 전자들은 아주 빠르게 운동을 해, 그만큼 자기장에 의해 방향이 많이 꺾이게 된다. 전자들이 높은 속도를 통해 더 무거워지는 효과가 없다면, 브라운관에 선명한 상이 생기는 것은 불가능할 것이다.

에너지가 필요하다. 즉 광속에 가까워지면 질량은 무한히 증가하고, 이를 가속시키려면 무한한 에너지가 필요하게 된다. 그런데 이렇게 에너지를 무한히 동원하기란 불가능하다. 따라서 원칙상 광속에 가까이 접근할 수는 있겠지만, 광속에 도달하거나 광속을 넘어서는 것은 도무지 불가능하다.

그러나 이것은 우주 안에서 움직이는 물체의 운동에만 적용되는 얘기다. 1915년에 발표한 일반상대성이론에서 아인슈타인은 공간 자체가 변형될 수 있음을, 공간이 수축될 수도 있고 확장될 수 있음을 보여주었다. 이때 공간은 빛을 추월하지 못하게 만드는 광속 불변의 원리를 지킬 필요가 없어, 광속을 초월하는 속도로 연장될 수 있다(최근의 우주 이론은 우주 초기에 공간이 그렇게 확장됐다고 본다).

한편 알쿠비에르는 자신의 논문에서 '그렇다면 어떤 조건에서 일부분의 공간이 광속을 초월하는 속도로 운동할 수 있을까'에 대해 숙고했다. 그러고는 우주선 앞쪽에 있는 공간은 수축시키고 그 뒤쪽 공간은 확장시키고자 했다. 엄밀히 말하면 우주선을 움직이는 것이 아니라, 출발점과 목표점 사이의 거리를 변화시키고자 했던 것이다. 초광속으로 A에서 B까지 이르는 시공간의 버블을 만들면 이런 버블 안에 있는 우주선은 스스로 적극적으로 움직이지 않아도 그냥 버블 속에서 여행하면 된다는 것이다.

알쿠비에르는 자신의 논문에서 이런 개념이 일반상대성이론의 방정식에 배치되지 않음을 보여주었다. 물론 아주 특별한 조건에 한해서지만, 일반상대성이론이 초광속 '워프 버블'을 만들 수 있는 가능성을 허락한다는 것이다. 충분한 에너지 혹은 물질(아인슈타인에 따르면 에너지와 물질은 동등한 것이다)만 있으면 시공간을 변형시킬 수 있다. 우주선 앞의 공간을 수축시키기 위해서는 물질이 필요하다. 그러나 동시에 우주선 뒤쪽의 공간을 확장시키고 그로써 워프 버블을 만들기 위해서는 음에너지를 가진 물질이 필요하다. 학자들을 이런 물질을 '외계 물질'이라 부른다. 지금까지 이런 물질이 무엇이며, 실제로 이런 물질이 존재할 수 있는지 아는 사람은 아무도 없다. 알쿠비에르는 워프 항법이 아인슈타인의 방정식의 올바른 해답이 될 수 있음을 수학적으로는 보여줄 수 있었다. 그러나 이것이 물리학적으로도 의미가 있는 것인지는 불명확하다.

게다가 워프 항법이 가능하려면 많은 물질이 필요하다. 그것도 무지막지하게 많은 물질, 전체 우주에 존재하는 것보다 몇십억 배는 더 많은 물질 말이다! 그러나 그동안 다른 학자들이 알쿠비에르의 아이디어를 받아들여 연구한 결과, 더 적은 물질로도 워프 항법이 가능하다는 결과가 나왔다. 모델에 따라 몇백 킬로그램으로 충분하다는 결과도 있다. 그런가 하면 태양 질량의 몇 배가 필요하다는 결과도 있다. 한편 버블 안쪽 영역은 나머지 우주에서 완전히 차단되어, 우주선의 승무원들은 그들이 어디로 비행하고 있는지 확인할 수 없고 다른 세계와 통신도 불가능하며 우주선을 조종할 수도 없다는 지적도 있다. 목표에 도달해 다시 속도를 낮출 경우엔 충격파가 만들어져 우주선 앞에 위치하는 모든 것이 파괴될 것이라고 한다. 가령 착륙하고자 하는 행성마저도 말이다.

어떤 학자들은 여러 가지 양자역학적 효과들이 워프 버블을 불안정하게 만들 것이라고 말하고, 또 다른 학자들은 그렇지 않다고 한다. 기본적으로 확실한 건 알쿠비에르의 콘셉트가 순수 수학적 모델에 불과한지, 실제로 존재할 수 있는지 도무지 알 수가 없다는 것이다. 이를 확인하기 위해서는 일반상대성이론 차원의 중력을 묘사할 뿐 아니라, 양자역학을 포괄하는 완전한 이론이 필요하다. 물리학자들은 이미 거의 100년 전부터 그런 공식을 찾아왔지만, 아직 찾아내지 못했다. 하지만 그것이 곧 '워프 항법'이 불가능하다는 뜻은 아니다. 여전히 그 아이디어에 천착해 후속 연구를 진행하고 있는 학자들이 있다.

미국항공우주국에서는 최소한 아주 작은 규모의 워프 버블은 가능하지 않을지 보는 실험을 시도하고 있다. 그러나 아직 제대로 된 실험은 이루어지고 있지 않으며, 미니 버블이 야기할 미미한 효과를 관측할 만큼 측정 기기의 감도를 민감하게 만드는 것도 쉽지 않다. 그래서 지금까지는 약간 모순되는 결과들만이 도출됐다.[62]

62 그러나 미국항공우주국 홍보부는 이런 결과를 토대로 지체 없이 워프 항법 우주선의 컴퓨터 영상을 공개했다. 미국항공우주국 연구자들이 2014년 8월에 공개한 다른 '사이언스 픽션 엔진'에 대한 결과들도 마찬가지로 모순적이다. 학자들은 추진제 없이 작동해 행성간 비행이나 나아가 성간 비행을 할 만큼의 추력을 낸다는 'EM드라이브'를 테스트했다. 이 항법의 콘셉트(이것은 미국항공우주국 스스로 개발한 것이 아니라, 민간 발명가들이 제안한 것)는 기본적인 물리 법칙에 위배된다. 그럼에도 불구하고 연구자들은 테스트 결과 이 방법으로 작은 추력을 측정할 수 있었다. 하지만 워프 항법처럼 여기서도 결과들은 상당히 모순적이다. 이 실험에 비판적인 일군의 학자들은 측정에 오류가 있었다고 지적한다.

아인슈타인 로젠 다리, 웜홀

지금 단계에서 워프 항법에 대해 말할 수 있는 것은 무엇일까? 바로 워프 엔진을 제작하는 일의 물리학적 불가능성이 아직 명백히 입증되지 않았다는 것이다. 사이언스 픽션에서 사랑받는 또 하나의 방법도 마찬가지다. 우주로 멀리 멀리 나가고 싶은데 초광속 엔진은 존재하지 않을 때 이 여행을 가능케 해주는 방법, 바로 웜홀 말이다.

웜홀은 서로 무지막지하게 멀리 떨어져 있는 우주 속의 두 장소를 연결해주는 통로다. 이 아이디어는 알베르트 아인슈타인에게서 유래한 것으로, 아인슈타인은 1935년 자신의 동료 네이선 로젠Nathan Rosen과 함께 웜홀에 대한 물리학적 개념을 정리했다. '아인슈타인 로젠 다리'라고도 불리는 이 개념은 블랙홀에 기초한다. 블랙홀은 당시 이론적으로는 알려져 있었지만, 실제 존재 여부는 확인되지 않는 수학적 구조물로 여겨졌다. 아인슈타인의 일반상대성이론에 따르면 물질은 공간을 휘어지게 하며, 이런 공간의 휘어짐이 물체의 운동에 영향을 미친다. 우리는 이런 영향을 '중력'으로 느끼는 것이다. 그리하여 아인슈타인의 해석에 따르면 중력은 진정한 힘이 아니라, 시공간의 기하학적 결과일 따름이다.

가령 태양은 엄청난 질량으로 말미암아 공간을 강하게 휘어지게 하고 지구는 이런 휘어짐을 좇아서 운동한다. 즉 태양을 그냥 스쳐 텅 빈 우주로 날아가버리지 않고 태양을 공전할 수 있는 것이다. 지구 역시 자신의 질량으로 공간을 일그러뜨려 우리가 느낄 수 있는 중력을 만들어낸다. 질량이 클수록 공간도 더 많이 휘어진다. 그러므로 질량이 큰 천체일

수록, 그것의 휘어짐에서 벗어나려면 더 많은 힘을 들여야 한다. 지구의 중력권을 벗어나려면, 초속 11.2킬로미터의 속도로 운동하면 되는 반면 태양의 대기로부터 탈출하려면 운동 속도가 초속 620킬로미터는 되어야 한다. 휘어짐이 강할수록 '탈출 속도' 역시 더 빨라야 하는 것이다. 휘어짐이 특히나 강한 경우에는 광속을 동원해도 탈출을 못할 수도 있는데, 이렇게 빛도 빠져나갈 수 없는 시공간의 영역을 '블랙홀'이라 부른다.

오늘날 우리는 정말로 블랙홀이 존재한다는 것을 알고 있다. 가령 엄청나게 커다란 별이 생애를 마칠 때 자신의 무게로 말미암아 점점 수축하게 되는데, 이런 중력 붕괴가 계속적으로 일어나 엄청나게 밀도가 높아지면 블랙홀이 탄생한다. 블랙홀은 이제 더 이상 수학적으로만 통하는 구조물이 아니라, 그동안 엄연한 우주의 일원으로 자리매김했다. 천문학자들은 이미 곳곳에서 블랙홀을 찾아냈다.[63] 그리고 알베르트 아인슈타인과 네이선 로젠이 1935년에 발견한 '아인슈타인 로젠 다리'인 웜홀은 바로 두 블랙홀을 연결시켜주는 이론적 공간이다. 상대성이론 방정식은 웜홀의 존재를 부정하지 않는다. 극도로 휘어짐이 심한 시공간 영역은 일종의 터널이라 할 수 있는 웜홀로 연결되어 있어, 이를 통해서 이동하면 거리가 단축된다는 것이다.

그러나 블랙홀과 달리 '웜홀'의 존재는 지금까지 입증되지 않았다. 알쿠비에르의 워프 버블과 마찬가지로 아인슈타인의 방정식을 통해서는 웜홀

63 블랙홀을 직접 관측하는 것은 불가능하지만, 주변에 미치는 특이한 영향으로 인해 블랙홀의 존재를 입증할 수 있다.

의 존재를 기술할 수 있지만, 그것이 정말로 존재하는지의 여부를 확신할 수는 없다. 그것이 정말로 있다고 해도 실제로 이것을 이용해 초광속 비행을 하는 것은 워프 항법의 경우처럼 별로 가능성이 없어 보인다. 웜홀은 굉장히 불안정한 구조물이다. 그래서 그것을 안정화시켜 정말로 시공간 여행을 위한 '터널(통로)'로 사용하려면 워프 버블을 만들 때와 마찬가지로 엄청난 양의 (존재하지 않을지도 모르는) 외계 물질이 필요할 것이다. 그렇다면 인공 웜홀을 제작해 의도적으로 성간 여행을 하는 것은 안 될까? 아쉽게도 그런 웜홀을 제작하는 방법은 아직 그 누구도 알지 못한다.

그러므로 워프 항법과 웜홀은 존재할 수 있을지도 모르지만, 이 두 가지에 기반을 둔 초광속 비행은 우리의 능력을 훨씬 넘어서는 일이다. 지금까지의 모든 기술을 다 적용해도 이를 실행에 옮기는 것은 불가능하다. 따라서 다른 항성계로 가고자 한다면, 장기간에 걸쳐 천천히 가야 한다. 그런데 과연 우리는 죽기 전에 성공을 보지 못할 프로젝트에 많은 시간과 돈을 들일 용의가 있을까? 제너레이션 우주선을 제작하는 데 필요한 그 모든 노력들을 투자할 준비가 되어 있을까? 100년이 걸릴지 200년이 걸릴지 알지 못하는 여행, 그 오랜 세월을 거치고도 성공을 장담하지 못하는 여행에 사람을 보낼 수 있을까? 심지어 목표로 하는 곳이 생명이 살기에 적합할지, 부적합할지도 모르는 상태로 과연 그것이 가능할까?

성간 여행은 불가능하지 않다. 하지만 이런 여행을 하려면 지금까지 인류의 역사에서 경험하지 못했던 많은 희생과 협력이 필요할 것이다. 심지어 우주 엘리베이터가 성공리에 운행되어 태양계 곳곳을 누빌 수 있다 해도, 성간 비행은 엄두를 내기가 힘든 일이다. 하지만 결국 우리는 성간 비행이라는 문제에 봉착해야 할 것이다. 물론 성간 비행을 하지 않고 소행성 충돌이나 다른 재앙들로부터 지구를 지켜낼 수 있을지도 모른다. 그러나 언젠가는 태양이 제구실을 못하게 될 테고, 그때는 어쩔 도리가 없을 것이다. 태양이 더 이상 우리에게 호의를 베풀어주지 않으면 우리는 지구를 떠날 수밖에 없고, 다른 항성계의 다른 행성을 고향으로 삼아야 할 것이다. 아니면 태양계의 구조를 변화시키는, 더 어려운 작업에 들어가거나 말이다.

Part 3 인간과 미래

9장

새로운 세계의 시작

인간은 스스로 운명을 결정할 수 있다. 소행성 충돌 같은 재앙은 지구를 완전히 바꾸어놓고, 지구상의 생명을 싹쓸이해버릴 수 있다. 소행성만이 아니라 우리 인간도 그럴 수 있다. 우리 역시 지구를 바꾸어버릴 수 있는 자연의 위력을 행사할 수 있다. 우리가 조심하지 않는다면, 우리는 지구 쪽으로 돌진하는 커다란 소행성처럼 우리의 문명을 철저히 파괴해버릴 수도 있다. 반면 우리가 노력한다면 소행성이 초래할 재앙을 막을 수 있을 뿐만 아니라 소행성을 활용하여 지구를 변화시키고, 우리 스스로를 넘어설 수 있다.

아직은 얌전한 별, 태양

태양이 영원히 우리를 위해 존재할 수는 없다. 먼 미래에 태양은 지구상의 모든 생명을 싹쓸이해버릴 것이며, 이어 지구를 아예 집어삼켜버릴 수도 있다. 그런 일이 일어나더라도 인류가 우주의 다른 고향을 찾아 이주한 다음에 일어나길! 그렇지 않으면 지구를 우주선으로 활용해 지구 자체를 안전한 장소로 대피시켜야 할지도 모른다.

다행히 아직은 대책 마련을 위한 시간적 여유가 충분하다. 현재 지구는 매우 적절한 장소에 있다. 뜨거운 금성처럼 태양 복사 에너지를 너무 많이 받지도 않고, 차가운 화성처럼 너무 적게 받지도 않는 상태다! 지구는 태양계에서 유일하게 유쾌한 삶의 조건을 갖춘 행성이다. 우리가 '제2의 지구'를 찾고자 한다면 다른 항성계로 떠나야 한다. 그것이 얼마나 어려운 일인지는 앞에서 이미 충분히 살펴보았다. 우리의 고향 지구는 소위 서식 가능 지역habitable zone, 즉 기온이 너무 뜨겁지도 너무 차갑지도 않은 지역에 있다. 물론 한 행성의 표면에 생명이 살 수 있기 위해서는 그 외에도 많은 조건이 충족되어야 한다. 적절히 구성된 대기가 있어야 하고, 자기장이 충분히 강해야 하며, 지질 활동이 너무 활발해서도, 너무 없어서도 안 되는 등의 조건 말이다.[64] 별의 복사 에너지도 매우 중요한 조건에 속한다. 햇빛이 없이는 지구에 어떤 생명체도 살 수 없기 때문이다. 태양 에너지는 우리가 존재할 수 있는 전제조건이다.

다행히 태양은 얌전한 별이다. 최소한 상대적으로는 말이다. 간혹 태양풍이 일기도 하지만(7장 참고), 보통은 상당히 고르게 빛을 뿜어낸다. 우주에는 격렬하게 약동하는 별들도 아주 많다. 그런 별들은 밝기의 변동이 심하며 매우 역동적이기 때문에 그 별들 근처에서는 생명이 살 수 없다. 우리의 태양은 이런 '불안정한 별'에 속하지 않는다. 그렇다고 태양이 느리게라도 변하지 않는다는 뜻은 아니다. 우리는 거의 느낄 수 없지만 태양은 점점 뜨거워지고 있다.

태양은 핵융합을 통해 에너지를 만들어낸다. 태양 내부에서 수소가 헬륨으로 융합된다. 이런 일이 일어나기 위해서는 온도가 충분히 높아야 하는데, 태양의 안쪽에 있는 핵만이 이렇듯 융합이 가능한 온도를 지닌다. 태양의 어마어마한 기체 질량이 전력을 다해 태양의 중심 쪽으로 압력을 가하고, 이런 엄청난 압력으로 인해 태양 핵은 온도가 약 1500만 도까지 올라간다. 수소 원자는 온도가 높아질수록 더 빠른 속도로 운

64 어떤 행성을 '제2의 지구'로 만드는 특성들에 대해서는 내가 쓴 책 《새로운 하늘의 발견》에 자세히 설명되어 있다.

동하므로 온도가 무지막지하게 높은 태양의 핵 속에서 빠른 속도로 운동하는데, 운동 속도가 너무 빠르다 보니 서로 충돌하는 경우 튕겨나가지 않고 서로 합쳐지는 일이 일어난다. 그리하여 수소 원자는 헬륨으로 융합되고, 이런 융합 과정에서 에너지가 방출된다.

이 에너지는 이제 태양의 핵으로부터 바깥쪽을 향해 나가고자 한다. 하지만 곧장 그렇게 하지는 못한다. 광자들은 자유롭게 비행할 수가 없기 때문이다. 그것들은 태양에서 가장 밀도가 높은 부분에 위치하기 때문에 어떤 방향으로 질주하고자 하든 곧장 태양을 이루는 물질의 원자나 전자에 부딪쳐 방향이 굴절된다. 그래서 빛은 지그재그를 그리면서 바깥을 향해 나아가게 되고, 태양을 벗어나기까지 최대 10만 년이 걸린다. 그렇게 오랜 시간이 지나서야 태양을 떠나 우주를 통과해 지구 쪽으로 빛을 비출 수 있는 것이다.

빛과 태양 물질 간의 충돌은 바깥으로 향하는 힘, 즉 '복사압'을 만들어낸다. 이것은 없어서는 안 되는 힘이다. 이 힘이 없으면 태양은 자신의 무게로 인해 붕괴되어버릴 것이다. 일반적으로 별이 안정된 상태로 있는 것은 중력과 복사압이 정확히 균형을 이루기 때문이다. 중력은 별을 안쪽으로 수축시키려고 하고, 융합을 통해 만들어진 복사선은 내부로부터 중력에 대항한다. 별은 이런 균형 상태에서 생애의 대부분을 보낸다. 하지만 나이가 들어갈수록, 상황은 불안정해진다.

점점 더 뜨거워지는 지구

태양 중심의 온도는 가벼운 수소 원자를 충분히 가속시켜 헬륨으로 융합시킬 수 있을 만큼 높다. 하지만 헬륨은 수소보다 더 무겁고 느리게 움직이므로, 일단 생기면 태양 내부에서 그냥 굴러다닌다. 그래서 태양의 핵에 헬륨이 많이 쌓일수록, 수소가 있을 자리는 더 적어진다. 그러나 수소는 태양 중심에서만 헬륨으로 융합될 수 있다. 태양 중심으로부터 멀어지면 온도가 융합이 일어날 정도에는 못 미치기 때문이다. 이를 그릴의 재에 비유할 수 있다. 숯을 태울수록 재가 더 많이 생겨나고, 그릴에 새로운 숯을 넣을 자리는 더 적어진다. 그러다가 어느 순간 그릴은 재로 가득차고 불은 꺼져버린다.

이와 마찬가지로 시간이 흐르면서 태양 내부에 '헬륨 재'가 쌓이면, 태양은 그만큼 에너지를 많이 생산하지 못한다. 그러나 그릴과 달리 태양의 불은 쉽게 꺼지지 않는다. 태양의 경우 우선은 복사압이 떨어지기 시작한다. 내부로부터 외부를 향해 분출되는 빛이 더 적기 때문이다. 그러면 중력과 복사압의 균형이 무너져 중력이 일시적으로 더 우위를 점하게 된다. 그리하여 중력이 이전보다 더 강하게 태양의 내부로 압력을 가하고, 태양 내부의 온도는 상승한다. 이로써 핵융합이 일어날 만한 온도가 지배하는 영역이 더 넓어진다. 그러면 태양은 수소를 전보다 더 많이 융합할 수 있고, 온도는 더 뜨거워진다.

태양에서 더 많은 연소가 일어날수록 지구는 더 더워진다.[65] 태양은 오늘날 35억 년 전보다 3분의 1 정도 더 밝은 빛을 내고 있고, 앞으로 점점 더 밝아지고 점점 더 뜨거워질 예정이다. 그러면 지구의 평균 기온도 몇백만 년이 흐르면서 상승하게 될 것이다. 장기간의 세월을 정확히 예언하는 것은 불가능하지만, 앞으로 9억 년이 지나면 지구의 평균 기온은 약 30도로 상승하리라고 예측된다. 30도라고 하니까 살 만한 온도로 들리는가? 그러나 평균이 30도라는 말은 지역과 시간에 따라 온도가 훨씬 더 높이 치솟기도 한다는 뜻이다. 현재 지구 평균 기온은 약 15도이며, 여기서 15도 더 상승하면 지구상에 고등 생물이 서식하는 것이 불가능해질 것으로 보인다. 설사 그런 기온 상승을 견디고 어떻게 살아남는다 해도, 한 20억 년 뒤에는 더 이상 살아남을 수 없을 것이다. 그때가 되면 태양은 너무 뜨거워서 지구의 평균 기온이 섭씨 약 100도에 달할 가능성이 크기 때문이다. 그렇게 되고 나면 지표면에는 더 이상 액체 상태의 물이 존재하지 않을 테고, 모든 생물이 멸종될 것이다.

부풀어 오르는 별은 단순한 소행성과는 비교할 수 없는 문젯거리다. 4장에서 살펴보았듯이 소행성으로부터 지구를 지키는 방법은 이미 부족하지 않다. 또한 몇몇 우주 비행 계획을 실행에 옮기거나, 우주 엘리베이터를 건설하거나, 달 기지를 건설함으로써 상황을 더 개선시킬 수

●●●

65 이것은 완전히 맞는 말은 아니다. 고생물학과 지질학 연구에 따르면 지구의 역사 초기에는 기온이 오늘날보다 훨씬 높았다. 당시에는 태양이 오늘날보다 더 적은 복사 에너지를 방출했기에, 원래는 지구가 더 서늘했어야 할 것이다. 아니, 너무 추워서 생명이 결코 살 수 없어야 했을 것이다. 그러나 화석들은 그 반대였음을 증명해준다. 이런 '어두운 젊은 태양 역설faint young sun paradox'은 아직 완전히 규명되지는 않았다. 그러나 학자들은 당시 젊은 지구의 대기가 오늘날과는 다르게 구성되어 온실 가스 농도가 훨씬 높아서 —온실 효과로 인해— 태양의 조건에 비해 지구의 기온이 높았던 것으로 보고 있다.

있다. 원칙적으로 우리는 '지금 당장' 소행성의 잠재적 위험에 대처할 수 있다. 반면 태양이 생애를 마치는 것에 대해서는 평범한 기술로는 아무런 대처도 할 수가 없다. 여기서 우리는 다시 사이언스 픽션의 영역에 당도한다. 많은 '픽션'에 약간의 '사이언스'가 섞인 영역에 말이다. 완전히 전망이 없는 수준의 상황은 아니라는 뜻이다.

소행성을 이용해 지구의 위치를 변화시키는 방법

앞으로 몇백만 년 뒤 인류가 성간 우주 비행을 자유자재로 하게 된다면, 전혀 문제가 없다. 그렇게 되면 9억 년이라는 세월은 커다란 제너레이션 우주선을 통해 인류가 다른 천체로 이주하다 못해 전 은하에 흩어져 살고도 남을 시간이다. 또한 우리는 그 사이에 광속의 제한을 극복하고 초광속 비행을 하는 방법을 발견할 수 있을지도 모른다. 그러나 그러지 못한다 해도 여전히 한 가지 가능성은 남는다. 태양이 점점 뜨거워지면 우리는 지구를 밀어서, 태양계 내부에서 그나마 유쾌한 기온이 지배하는 지역으로 데려가면 되는 것이다! 말도 안 되는 소리라고? 하지만 이는 실행 가능성이 있는 방법이다. 그리고 이 일에서도 소행성이 우리를 도울 수 있다.

물론 거대한 로켓 엔진을 지구에 장착하여 그것으로 지구를 밀어 태양계에서 지구의 위치를 변화시키는 방법도 생각할 수 있다. 그러나 이런 방법은 기술적으로 불가능할뿐더러, 설사 가능하다 해도 상상할 수 없는 양의 연료가 필요할 것이다. 그리고 사실 이보다 훨씬 더 간단한 방법도 있다. 지구를 움직이기 위해 필요한 에너지를 소행성으로부터 가져올 수도 있는 것이다. 소행성의 원료를 채굴함으로써 에너지를 얻는 것이 아니라, 소행성을 이용해 태양계의 천체 운동이 동반하는 엄청난 힘을 약간 '훔치는' 방법이다.

소행성의 궤도를 어떻게 바꿀까?

1장에서 이야기했던 소행성 2012DA14는 2013년 2월 15일 지구에 근접한 뒤 다시 태양을 공전하는 여행을 계속하였다. 그러나 더 이상 전과 똑같은 궤도로는 아니었다. 지구의 강력한 중력이 그 소행성의 궤도를 변화시켰기 때문이다. 하지만 우주에서 일어나는 모든 작용에는 해당 반작용이 따르는 법이다(이것은 뉴턴의 그 유명한 제3법칙으로, 전체의 고전역학이 이에 기초한다)! 소행성은 지구의 궤도 역시 변화시켰다. 물론 커다란 지구에 비해 이 소행성의 질량은 매우 작았으므로, 그 효과는 굉장히 미미했다. 지구는 2012DA14가 지나간 것을 거의 느끼지 못했다. 그러나 충분히 오랜 시간이 지나면, 작은 변화들도 커다란 영향을 미친다.

2001년, 캘리포니아 산타크루즈대학교의 천문학자 돈 코리캔스키Don Korycansky 팀은 이런 효과가 쌓이고 쌓여 어떤 영향을 미칠 수 있을지, 그리고 지구의 위치를 장기적으로 변화시키기 위해 소행성을 어떻게 활용할 수 있을지를 정확히 계산해 보였다. 우리는 이를 위해 직경이 약 100킬로미터가 되는, 충분히 큰 규모의 소행성을 하나 마련하기만 하면 된다. 그러고 나서 이 소행성의 궤도를 변경시켜야 하는데, 이를 위해서는 우리가 이미 4장에서 소행성 방어를 위해 살펴보았던 것과 동일한 기술들을 동원할 수 있다. 그러나 이제는 이런 기술을 사용하여 그 소행성이 지구와 멀어지도록 궤도를 변경시키는 것이 아니라, 소행성이 정확히 지구 쪽으로 오도록 해야 한다. 가능하면 지구 가까이 오게 하되 지구와 충돌하지는 않게 해야 한다. 소행성은 약 1만 킬로미터의 거리를 두고 지구를 스쳐 지나간 다음, 다시 우주로 길을 떠나야 할 것이다. 이렇듯 지구와 가까이 만나면 소행성의 궤도는 약간 변화한다. 이런 일을 통해 지구궤도 또한 변화한다. 그래서 모든 것이 적절히 들어맞으면, 이런 만남 뒤에 지구는 태양으로부터 조금 멀어질 수 있다.

물론 지구가 점점 뜨거워지는 태양으로부터 벗어날 수 있을 정도로 아주 멀어지는 건 아니다. 좀 더 쾌적한 곳까지 멀어지려면 그 소행성이 훨씬 더 자주 지구를 스쳐가도록 만들어야 한다. 코리캔스키 팀이 계산한 바에 따르면 100만 번은 스쳐가야 한다. 그러면 다시 쾌적한 기온을 만날 수 있을 정도로 지구를 밀 수 있다. 하지만 그러기 위해 100만 개의 서로 다른 소행성을 포획해서 지구 쪽으로 데려올 필요는 없다. 원칙적으로 같은 소행성을 계속해서 활용할 수 있다. 우리가 그 소행성을 —빈 건전지처럼— 계속하여 '중력 에너지'로 충전시킬 수 있는 방법을 찾는다는 전제하에서 말이다. 우리는 가령 목성에서 이런 방법을 발견할 수 있다. 태양계의 최대 행성인 목성은 질량이 매우 커서, 목성으로부터 약간의 운동 에너지를 훔친다 해도 거의 눈에 띄지 않는다. 그래서 우주 탐사선들은 태양계 바깥쪽으로 비행하는 길에 목성 가까이 다가가 그 곁을 스쳐 지나가면서 '플라이 바이Fly-by' 항법이라는, 행성을 근접 통과하는 방법을 이용해 추가적인 추진력을 얻는다.

우리의 소행성은 지구를 근접 통과하면서 지구에 힘을 전달하여 지구를 약간 바깥쪽 궤도로 밀고, 이런 힘을 나중에 목성에서 다시 충전받을 수 있을 것이다. 따라서 소행성은 목성의 힘을 전달하는 역할을 할 뿐 '지구 우주선'을 이동시키는 에너지는 목성으로부터 나오는 셈이다. 이렇듯 소행성은 지구에 근접할 때마다 지구를 약간 바깥쪽으로 밀고, 목성에 근접해서는 목성의 중력을 통해 다시금 속도를 얻어 다음번에 지구를 미는 데 충분한 힘을 전달할 수 있게 되는 것이다.

이런 작전을 행하는 데에는 물론 시간이 걸린다. 코리캔스키의 모델에서 그 소행성은 궤도를 따라 움직이다가, 6000년에 한 번씩 지구에 접근하게 된다. 하지만 어차피 지구를 아주 빠르게 밀 필요는 없다. 태양은 몇억 년에 걸쳐 서서히 뜨거워질 것이므로, 지구를 천천히 이동시켜도 된다. 태양이 가열되는 것과 같은 빠르기로, 소행성과의 만남을 통해 지구를 서서히 바깥쪽으로 옮겨가면서 견딜 만한 기온이 지구를 지배하게 하면 되는 것이다. 태양의 기대 수명 동안에 소행성이 한 100만 번쯤 지구를 근접 통과하면 지구는 적절한 위치를 가질 수 있게 된다.

사실 이것은 무지막지하게 장기간의 프로젝트일 뿐만 아니라 위험한 프로젝트다. 지구와 근접 통과시킬 그 커다란 소행성을 늘 감시해야 하기 때문이다. 수만 년이 흐르면서 다른 행성들의 중력장이 그 소행성의 궤도에 영향을 미칠지도 모르며, 조금만 영향을 미쳐도 근접 통과하는 것이 아니라 지구와 충돌하여 지구상의 생명을 싹쓸이해버릴 위험이 크다. 그러므로 커다란 소행성이 지구를 근접 통과하게 하는 프로젝트를 개시하기 위해서는, 몇천 년 뒤에도 우리가 무엇을 하고 있는지를 계속해서 숙지하고 소행성을 통제할 수 있으리라는 확신이 있어야 할 것이다.

지구가 태양계를 거슬러 여행한다는 콘셉트에 담긴 물리학적 원칙은 상당히 단순하다. 소행성의 궤도를 의도적으로 변화시키는 능력만 있으면 나머지는 특별한 게 없다. 그리하여 지구 자체를 이동시키는 프로젝트를 복잡하게 만드는 것은 기술적인 문제라기보다는, 그것이 초래할 후유증들과 그 프로젝트에 소요되는 장기적인 시간 척도다.

지구를 밀 때 생기는 문제들

가령 우리가 지구를 움직이면 우리의 달은 어떻게 될까? 코리캔스키의 계산에 따르면 달은 지구를 따라오지 못하고 어느 순간 남겨지게 된다. 이런 상황은 문제가 될 것이다. 지구는 달을 필요로 하기 때문이다. 달이 떠 있는 하늘의 모습이 익숙하기 때문만은 아니다. 달의 중력은 지구축을 안정되게 잡아주는 역할을 한다. 달이 없으면 지구의 자전축은 수만 년이 지나는 사이에 왔다 갔다 변하게 될 것이고, 지구의 공전궤도면에 대해 더 많이 기울었다가 더 조금 기울었다가 하게 될 것이다. 현재 자전축의 기울기는 23.4도로, 지구상에 계절의 변화가 생기게 해준다.[66] 봄, 여름, 가을, 겨울이 믿음직스럽게 교대되는 것은 자전축의 기울기에 변함이 없기 때문이다. 그런데 만약 더 이상 달이 존재하지 않는다면 계절의 변화도 규칙적이지 않게 되고, 장기적으로는 기후가 매우 불안정해질 것이다. 따라서 우리는 지구와 더불어 달도 이동시켜야 할 테고, 달을 위해서도 몇 개의 소행성을 '고용'하여 달을 태양 바깥쪽으로 서서히 밀게 만들어야 할 것이다.

하지만 그러다 보면 태양계의 다른 행성들도 문제가 된다. 태양계의 특정한 지역들에는 '궤도 공명'이라는 것이 일어난다. 두 천체의 공전주기가 서로 정수비를 이루는 곳에서는 서로 간에 중력적 영향이 특히나 강하게 발생하는 것이다. 가령 화성과 목성 사이의 소행성대에는 아무런 천체도 없는 틈새가 많다. '헤스티아 갭hestia gap'이라 불리는 지역도 바로 그러한 지역이다. 그곳에 소행성이 존재한다면 그 소행성은 정확히 커다란 목성의 공전주기의 3분의 1에 해당하는 시간 동안 태양을 공전하게 될 것이다. 공전주기가 3 대 1의 비율 내지 3 대 1의 '공명'을 이루고 있게 되는 것이다. 그리하여 그곳에 행성이나 소행성이 위치한다면, 그 천체는 목성이 태양을 한 바퀴 돌고 나서(즉 그 천체는 세 바퀴를 돌고 나면) 정확히 상대적으로 전과 동일한 위치에 있게 된다. 이런 궤도 공명, 즉 서로 간의 중력적 영향은 시간이 흐르면서 궤도를 불안정하게

66 나의 책 《우주, 일상을 만나다》에 이와 관련한 상세한 설명이 나와 있다.

만들어 어느 순간 작은 소행성은 궤도를 이탈하게 될 수도 있다.

지구는 현재 다른 행성과 궤도 공명을 하고 있지 않다. 그러나 태양계의 더 쾌적한 지역을 찾아가는 길에 지구는 어쩔 수 없이 그런 공명대를 지나가게 될 테고, 지금보다 더 커다란 중력적 영향에 노출될 것이다. 그러므로 이에 대해 대비하고, 해당하는 대책을 강구해야 할 것이다. 지구만 움직이는 것으로는 충분하지 않을지도 모른다. 태양계에 분란을 초래하지 않으려면 다른 행성들의 위치도 변화시켜 전체의 태양계를 개조해야 한다. 가령 지구를 옮기고자 하면 화성이 그 길을 가로막을 것이다. 결국 여행의 마지막에 우리는 지금 화성이 있는 자리를 차지하게 될 것이기 때문이다. 그럴 때 커다란 궤도 방해나 행성간의 충돌에 이르지 않기 위해서는 우선 화성을 먼저 다른 자리로 옮겨놓아야 한다(그동안 화성에 이미 사람들이 이주해 있을 수도 있다는 점도 생각해야 한다). 지구가 이동을 위해 목성에서 지속적으로 에너지를 가져왔으므로, 목성에도 전혀 영향이 없지는 않을 터. 지구가 태양계 외곽으로 움직인 반면, 목성은 약간 더 안쪽으로 들어온 상태가 될 것이다. 많이는 아니겠지만 그로써 공명 상태에 변화가 초래될 수도 있고, 우리는 이러한 사항에 대해서도 고려해야 한다.

지구를 이동시키는 것만은 학문적인 관점으로 보면 커다란 문제는 아닐 것이다. 오늘날 이미 그 완전한 과정을 문제없이 계산하고 컴퓨터로 시뮬레이션할 수 있다. 행성 역학은 17세기 요하네스 케플러와 아이작 뉴턴으로부터 시작된 오랜 연구 분야이다. 그때부터 '천체 역학'은 상세히 연구되었고 지식이 쌓였다. 그리하여 오늘날 우리는 옛날 옛적 행성들이 어떻게 태양계를 누비기 시작했는지 알고 있다. 또 태양계 초기에는 지금보다 소행성이 훨씬 많았으며, 행성과 소행성 간에 충돌이나 근접 통과도 오늘날보다 훨씬 잦았다는 것 역시 알고 있다. 무엇보다 태양계 외곽에서는 말이다. 그곳에서는 해왕성과 천왕성이 자신들이 탄생한 자리로부터 바깥쪽으로 이동했으며, 토성도 원래의 고향은 태양에서 훨씬 가까웠다. 이런 '행성 이동'은 40억 년도 더 전에 엄청난 소행성이 태양계를 돌아다니게 만들었고 '후기 운석 대충돌기Late Heavy Bombardment'를 일으켰다. 후기 운석 대충돌기는 그 이전이나 이후보다 훨씬 더 많은 소행성이 지구와 충돌했던 시기를 말한다. 우주로부터의 소천체와의 이런 충돌 흔적은 오늘날 달의 분화구를 세어보면 알 수 있다.

모든 행성들이 거대한 태양 돛을 달고……

행성 이동은 지구의 이동이 가능하다는 것을 보여준다. 또한 그런 이동으로 태양계를 뒤죽박죽으로 만들지 않도록 조심해야 한다는 것을 보여주기도 한다.

학문적으로나 기술적으로 행성들을 이동시키는 것은 그리 어려운 도전은 아니다. 그러나 이런 계획이 구조에 미치는 영향은 거의 상상할 수 없을 만큼 복잡하다. 앞으로 몇십 년만 계획해야 하는 것이 아니라, 수만 년을 내다보고 계획을 해야 한다. 그리고 한번 프로젝트를 시작하면 마지막까지 세심하게 관리해서 끝내야지, 그러지 않으면 공연히 불안정한 궤도로 태양을 돌게 되거나 자신의 조상들이 수만 년 전에 의도적으로 지구 쪽으로 끌어다놓은 소행성과 충돌하여 끝장을 보게 될 것이다.

지구의 궁극적 운명에 영향을 미칠 수 있는 다른 아이디어들도 존재한다. 돈 코리캔스키가 소행성을 이용해 지구를 이동시키는 방법을 발표하자, 이에 자극을 받은 스코틀랜드의 우주 비행 엔지니어 콜린 매킨스Colin McInnes는 2002년 거대한 태양 범선을 제작하자고 제안했다. 범선을 우주에 띄워 태양의 힘으로 추진시키면서 그것의 중력으로 지구를 서서히 끌고 가자고 말이다. 그러나 그런 효과를 낼 수 있으려면 태양 범선의 질량이 1000조 킬로그램은 되어야 할 것이다. 커다란 소행성을 그 구성 성분으로 분해해서 그것으로 그 직경이 전체 지구의 20배 이상 되는 태양 범선을 제작해야 할 것이며, 이런 어마어마한 범선을 우주의 올바른 위치에 있게 한 뒤 약 10만 년을 기다려야 할 것이다. 그러면 그것이 우리를 태양계의 올바른 위치로 데려다놓을 수 있을 것이다.

그러나 이런 계획은 소행성 하나의 궤도를 통제하는 것보다 기술적으로 훨씬 어렵다. 뿐만 아니라 우리는 여기서 코리캔스키 모델에서와 동일한 문제에 부딪히게 된다. 즉 범선이 어느 순간 잘못해서 지구와 충돌할 위험이 있다고 할 때, 그런 위험은 어떻게든지 막아본다고 하더라도 달의 문제, 궤도 공명의 문제, 다른 행성들의 역학의 문제는 무시할 수 없는 것이다. 태양계의 질서를 무너뜨리지 않으려면 다른 천체들 모두에게 다 태양 돛을 달아주어야 할지도 모른다(물론 구체적으로 어떻게 그렇게 할 수 있을지는 지금까지 아무도 모르지만 말이다).

모든 행성들이 거대한 태양 돛을 달고 서서히 태양으로부터 멀어져간다는 상상은 환상적인 동시에 황당하다. 그러나 학문적으로 완전히 불가능하지는 않다. 기본적으로 오늘날 우리 인간들은 태양 돛을 만들 수 있는 기술을 가지고 있다. 충분한 시간을 들일 용의만 있다면, 태양계의 구조를 변혁시키고, 행성들을 우리에게 가장 유용한 위치로 이동시킬 수 있을지도 모른다.

지금까지 이 책에서 소개한 미래의 비전들은 모두 오늘날의 현실과는 거리가 먼 것들이었다. 그러나 우리가 익히 이해할 수 있는 학문적 토대에 근거한 것들이기도 하다. 인류가 우주 엘리베이터를 제작하는 일, 소행성을 채굴하는 것, 달이나 화성에 정착하기, 제너레이션 우주선을 만들어 다른 별을 향해 날아가거나 지구 자체를 이동하는 것 등은 원칙적인 문제들이 아니다. 방법은 기본적으로 알려져 있다. 사회적 · 재정적 이유들이 우리를 가로막고 있을 뿐이다.

물리학과 첨단 기술 분야에서 현 수준을 약간만 넘어선다면, 더 많은 것이 가능해진다. 그러면 우리는 드디어 사이언스 픽션이 보여준 경지에 당도할 것이다. 사이언스 픽션은 과거에도 이미 미래를 보여주는 지침으로 작용하지 않았는가.

인간은 스스로의 운명을 결정한다

어쩌면 우리가 꼭 다른 항성계로 떠날 필요는 없을지도 모른다. 우리가 태양을 젊게 만들 수도 있으니까 말이다! 우리는 태양의 질량 일부를 덜어낼 수도 있다. 별은 작을수록 오래 살기 때문이다. 크고 뜨거운 적색 거성은 기껏해야 몇백만 년 버티고서는 생애를 마감한다. 반면 작은 왜성들은 몇천억 년도 타오를 수 있다. 그러므로 태양을 작은 별로 만든다면, 태양의 수명을 거의 임의로 연장시킬 수 있을지도 모른다. 그러나 어떻게, 어떤 도구로 그렇게 할 수 있을지는 불확실하다. 태양의 외부 대기로부터 그냥 약간의 플라즈마를 걷어내는 것으로는 부족하다. 태양을 오래 사는 왜성으로 만들려면 태양의 전체 질량 중 반 이상을 제거해야 하기 때문이다.

물론 그렇게 되면 지구를 이제 빛이 약해져버린 태양 가까이로 밀어야 할 것이다. 태양의 구조를 완전히 개조할 수 있는 능력이 있다면 그

쯤이야 문제가 없을 테고, 태양을 커다란 껍질로 두르는 일 역시 가능할 것이다. 지구에 사는 동안 우리는 태양 광선의 아주 작은 부분만 활용할 수 있다. 즉 지표면으로 떨어지는 것들만 말이다. 그러나 태양 주변을 계란 껍질처럼 인공 구조물로 두른다면, 우리는 태양 에너지를 하나도 잃어버리지 않고 전체의 에너지를 이용할 수 있을 것이다. 물론 그러기 위해서는 작은 행성을 구성 성분으로 분해해서 태양을 둘러쌀 껍질의 재료를 마련해야 할 것이다. 그리고 우리가 이런 껍질 내부에 살 수 있는 방법도 강구해야 한다. 태양을 껍질로 감싸면 그 껍질 바깥은 깜깜할 것이기 때문이다. 껍질의 안쪽은 자리가 충분할 테지만, 유감스럽게도 대기(혹은 그 밖의 어떤 것)를 붙잡아둘 수 있는 중력은 부족할 것이다. 그러나 우리가 기술적으로 태양 전체를 두를 수 있는 인공 껍질을 만들 수 있다면, 이런 문제를 해결할 방법도 분명히 있을 것이다.

이렇게 인공 구조물로 별을 둘러싼다는 생각은 사이언스 픽션 소설가의 황당한 아이디어가 아니다. 그것은 8장에 언급했던 핵 추진 우주선을 고안한, 미국의 물리학자 프리먼 다이슨의 생각이다. 1960년에 다이슨은 학술 논문에서 고도로 발전한 외계 문명이 별을 둘러싸고 이런 구를 만들었을지도 모른다는 생각을 보여줬다. 그리고 만약 그런 외부 껍질 속에 '숨겨진' 별이 있다면, 어떤 관측 기법을 통해 그것들을 발견할 수 있는지를 기술하였다. 외계인들이 '다이슨 구Dyson Sphere'를 만들어, 어떤 별의 전체 에너지를 자신들의 목적을 위해 활용하고 있는지도 모른다는 것이다. 만약 이런 외계인들이 있다면 그들은 '카르다셰프 척도Kardashev Scale'에서 우리보다 최소한 한 단계는 위에 있다고 보아야 할 것이다.

러시아의 천문학자 니콜라이 카르다셰프는 1964년에 에너지 사용을 기준으로 문명의 발달 단계를 분류하는 척도를 고안했는데, 그중 1단계는 행성이 가진 에너지를 모두 활용하는 문명을 말한다. 다이슨 구를 이용하는 외계 문명은 그보다 한 단계 더 위에 있다고 해야 할 것이다. 그들은 행성이 아니라 한 별의 에너지를 모두 활용할 수 있기 때문이다. 반면 우리 인간들은 지금까지 카르다셰프 척도상으로 1단계에도 미치지 못했다. 인간들이 거기까지 가려면 아직도 멀었다. 하지만 그리로 가는 길에 있다! 우리는 서서히 화석 에너지원을 포기하고(자의 반, 타의 반으로) 태양 에너지를 점점 더 많이 활용하는 쪽으로 가고 있기 때문이다. 우리는 카르다셰프 1단계 문명에 도달할 수 있을 것이며, 우주 엘리베이터를 건설하고 태양계로 출발한다면 그 이상으로 몇 발자국 더 나아갈 수 있을 것이다. 그러나 언젠가 2단계에 도달할 수 있을지는 아직 두고 봐야 한다.

카르다셰프 척도는 1, 2단계에서 끝나지 않는다. 3단계도 있다. 3단계는 자신들의 행성이 속한 은하계 전체 에너지를 활용할 수 있는 문명을 말한다. 즉 은하계에 포함된 수천억 개의 별들의 에너지를 활용하는 것이다. 이런 단계는 현실에서 정말 멀어 보인다. 그래서 카르다셰프는 자신의 척도를 여기서 마감했다. 그러나 다른 사람들이 카르다셰프의 생각을 이어받아, 4단계의 문명을 상상했다. 4단계의 문명은 우주 전체의 에너지를 활용할 수 있는 문명이다. 심지어 5단계도 있다. 5단계는 가설적인 다른 우주들의 에너지까지 활용할 수 있는 문명을 말한다.

제2의 지구를 찾는 일

이런 신적인 존재는 사이언스 픽션에나 등장하는 소재다. 우리 인간들은 다음 몇십 년 내지 몇백 년을 무사히 살아남는 것만으로도 기뻐할 것이다. 당면 문제들을 해결할 수 있고, 지구로 돌진하는 소행성을 방어할 수 있다면 말이다. 그리고 꽤나 비중 있는 우주 비행을 하여 태양계로 몇 걸음 디딜 수 있다면 말이다. 그러나 그다음에는 어떤 일이 있을지, 누가 알겠는가? 우리는 어느 순간 먼 별들에게로 떠나 낯선 행성에 정착할 수 있을지도 모른다. 또 태양계의 구조를 변화시키는 법을 알게 될지도 모른다. 어쩌면 달로도, 화성으로도 가지 않고 그냥 지구에서 뭉갤지도 모른다. 우리가 전 은하 혹은 전 우주를 지배할 필요는 없을 테니 말이다.

하지만 우리는 스스로 운명을 결정할 수 있음을 늘 의식해야 한다. 이 책의 이야기는 지구와 충돌할 뻔한 소행성으로부터 시작했다. 이런 종류의 자연 재앙은 지구를 완전히 바꾸어놓고, 지구상의 생명을 싹쓸이해버릴 수 있다. 소행성만이 아니라, 우리 인간도 그럴 수 있다. 우리 역시 지구를 바꾸어버릴 수 있는 자연의 위력을 행사할 수 있다. 좋은 의미에서든 나쁜 의미에서든 말이다. 우리가 조심하지 않는다면, 우리는 지구 쪽으로 돌진하는 커다란 소행성처럼 우리의 문명을 철저히 파괴해버릴 수도 있다.

반면 우리가 노력한다면, 우리는 소행성이 초래할 재앙을 막을 수 있다. 뿐만 아니라 소행성을 활용하여 지구를 변화시키고, 우리 스스로를 넘어설 수 있다. 지금까지 우리는 사는 동안 내내 지표면에만 머물렀다. 모든 사람이 이곳에서 태어나 이곳에서 살았다. 소수의 탐험가들만이 잠시 지구를 떠나는 경험을 했다. 지구는 좋은 곳이다. 지금까지 우리는 더 좋은 곳을 찾지 못했다. 그러나 우리는 찾을 수 있을 것이다. 인류가 장기적으로 생존하고자 한다면, 우리는 반드시 그렇게 해야 할 것이다. 인류의 미래는 별에 있다.

미래가 어떻게 될지 알지 못한다, 그러나 미래의 모습은 우리 손에 달려 있다

미래가 정말로 이 책에서 쓴 것처럼 진행될까? 아마 꼭 그렇게 되지는 않을 것이다. 이 책이 그려 보인 미래는 굉장히 낙관적인 상이다. 인간들이 어느 순간 서로 아귀다툼을 그치고, 함께 공동의 커다란 비전을 향해 나아가리라는 것을 전제로 한 구상이다. 우리의 과거를 돌아보면 인류가 정말로 그렇게 손에 손을 잡고 나아갈 수 있을지 의심스럽기만 하다. 인간들은 늘 근시안적이라, 자기 세대가 아닌 미래 세대가 비로소 이로움을 볼 프로젝트에는 투자하기를 꺼린다.

1962년 12월 12일, 존 F. 케네디는 자신의 유명한 연설에서 60년대 말까지 우주 비행사들을 달에 보내기 위해 어떤 장애물들을 극복해야 했는지를 열거한 뒤 이렇게 외쳤다. "우리는 용기를 내야 합니다! 우리는 달로 날아갈 것입니다. 그것이 쉬운 일이라서가 아니라 어려운 일이기 때문입니다." 케네디 대통령은 그렇게 선포했고, 비용 면에서, 기술면에서, 기타 여러 가지 면에서 어려움을 딛고 미국은 목표를 달성했다. 물론 숙적인 구소련에 대한 정치적 · 군사적 경쟁이 작용하지 않았다 해도, 달 비행에서 그렇게 용기를 낼 수 있었을지는 의문이지만 말이다.

냉전은 오래전에 지나갔다. 비전을 품은 정치인들이 우주 비행을 주도하던 시대도 지나갔다. 앞으로 우주로의 길을 예비하는 주체는 민간 기업이 될 확률이 크다. 그러나 우주로 가는 길은 영원히 막혀버릴 수도 있다. 내가 이 책에서 소개한 미래의 커다란 계획들은 인류가 그런 계획들을 실현할 만큼 오랫동안 생존할 수 있을 때나 가능한 것들이다. 그리고 인류가 장기적으로 생존할 수 있기 위해서는 일단 지금 우리에게 당면한 위기들을 먼저 해결해야 할 것이다. 당장은 자못 추상적인 소행성의 위협보다는 전쟁, 인구 과밀, 기후변화, 빈곤, 기아가 우리의 일상을 직접적으로 위험에 빠뜨린다. 소행성과 충돌하는 경우에도 엄청난 결과들이 빚어질 수 있지만 말이다.

물론 당면한 문제부터 해결하고 우주 정복의 길로 나아갈 수 있다고도 생각한다. 그러나 정말로 미래가 어떻게 전개될지는 아무도 예측할 수 없다. 현생 인류가 등장한지는 불과 몇만 년 되지 않았으며, 그중 대부분의 시기에 인류는 자신의 운명이나 환경에 별다른 영향을 끼칠 능력이 없는 상태로 살았다. 그러다 최근 몇백 년간 기술 발전이 급속도로 이루어졌다. 1903년 라이트 형제가 처음으로 동력 비행에 성공한 뒤 1969년 인류가 최초로 달에 착륙하기까지는 불과 66년밖에 걸리지 않았다. 살아서 이 두 사건을 모두 목격한 사람들이 적지 않았다. 이제는 달 착륙을 한 뒤 45년이라는 세월이 흘렀다. 그동안 인류가 우주로 직접 돌진하지는 않았다 해도, 우리의 세계는 무척 많이 변했고, 우주에 대한 이해도 굉장히 달라졌다. 앞으로 100년 뒤, 1000년 뒤, 10만 년 뒤 인류가 어떤 모습으로 살아갈까? 상상하기 힘들다. 미래의 인간들과 우리는, 우리와 석기 시대 사람들만큼이나 공통점이 없을지도 모른다. 몇억 년 뒤 지구의 생명체가 정말로 뜨거워져 가는 태양을 피해 지구를 이동시키고자 하는 이들은 오늘날의 인류와 비슷한 구석이 없는 존재들일지도 모른다. 예전에 공룡을 피해 살아남고자 애써야 했던 초기 포유류가 현재의 우리와 비슷한 구석이 없는 것처럼 말이다.

먼 미래, 세계는 완전히 달라질 것이다. 다른 대륙, 다른 생물, 다른 '인간'이 있을 것이다. 그때도 지구에 누군가가 살고 있다면, 그들은 현재의 우리가 언젠가 생존했다는 것조차 알지 못할 수도 있다. 그렇다 해도 그들은 우리와 무관하지 않은 존재들이다. 우리가 몇십억 년 전에 지구에 서식하기 시작했던 단세포 생물에서 유래했듯이 먼 미래의 생명체들 역시 이런 끝없는 사슬의 연장선상에 있게 된다. 먼 미래의 생명체들은 지금의 우리가 어떤 사람들이었는지 모를 수도 있지만 그들은 지금 우리가 남겨놓은 것을 바탕으로 일구어가게 될 것이다. 커다란 비전을 위한 초석을 놓아주든, 아수라장이 된 황폐한 터만 남겨주든, 그들은 그것을 바탕으로 자신들의 길을 모색해 나가야 할 것이다. 우리는 미래가 어떻게 될지 알지 못한다. 하지만 미래의 모습이 우리 손에 달려 있음을 결코 잊어서는 안 된다!

| 찾아보기 |

숫자

영문

ㄱ

ㄴ

ㅈ

ㅊ

| 이미지 출처 |

12쪽 **사진 1** pixabay.com, CC0 Public Domain

38쪽 **사진 2** NASA, Image of the Day

66쪽 **사진 3** NASA, Image of the Day

104쪽 **사진 4** pixabay.com, CC0 Public Domain

128쪽 **사진 5** NASA, Image of the Day

160쪽 **사진 6** NASA, Image of the Day

194쪽 **사진 7** NASA, Image of the Day

222쪽 **사진 8** pixabay.com, CC0 Public Domain

254쪽 **사진 9** pixabay.com, CC0 Public Domain

소행성 적인가 친구인가

초판 1쇄 발행 2016년 6월 27일

지은이 플로리안 프라이슈테터
옮긴이 유영미

펴낸이 박선경
기획/편집 • 김시형, 이지혜, 인성언
마케팅 • 박언경
교정/교열 • 권혜원
표지 디자인 • dbox
본문 디자인 • 김남정
제작 • 디자인원(031-941-0991)

펴낸곳 • 도서출판 갈매나무
출판등록 • 2006년 7월 27일 제395-2006-000092호
주소 • 경기도 고양시 덕양구 은빛로 43 은하수빌딩 601호
전화 • (031)967-5596
팩스 • (031)967-5597
블로그 • blog.naver.com/kevinmanse
이메일 • kevinmanse@naver.com
페이스북 • www.facebook.com/galmaenamu

ISBN 978-89-93635-71-3/03400
값 15,000원

• 잘못된 책은 구입하신 서점에서 바꾸어드립니다.
• 본서의 반품 기한은 2021년 6월 30일까지입니다.

이 도서의 국립중앙도서관 출판예정도서목록(CIP)은 서지정보유통지원시스템 홈페이지(http://seoji.nl.go.kr)와 국가자료공동목록시스템(http://www.nl.go.kr/kolisnet)에서 이용하실 수 있습니다. (CIP제어번호: CIP2016014286)